新农村建设丛书

砌筑技术（上）

李 勇 主编

吉林出版集团股份有限公司
吉林科学技术出版社

图书在版编目（CIP）数据

砌筑技术．上／李勇编．
—长春：吉林出版集团股份有限公司，2007.09（2025.1重印）
（新农村建设丛书）
ISBN 978-7-80720-746-7

Ⅰ．①砌… Ⅱ．①李… Ⅲ．①砌筑－基本知识 Ⅳ．①TU754.1

中国版本图书馆CIP数据核字（2007）第143172号

砌筑技术（上）
QIZHU JISHU (SHANG)

主　　编	李　勇
责任编辑	黄　群　付一桐
开　　本	850mm×1168mm　1/32
字　　数	136千
印　　张	5.5
版　　次	2007年9月第1版
印　　次	2025年1月第13次印刷
印　　刷	三河市元兴印务有限公司

出　　版	吉林出版集团股份有限公司
	吉林科学技术出版社
发　　行	吉林出版集团股份有限公司
社　　址	吉林省长春市福祉大路5788号
邮　　编	130000
电　　话	0431-81629968
电子邮箱	11915286@qq.com
书　　号	ISBN 978-7-80720-746-7
定　　价	38.50元

版权所有　　翻印必究

出版说明

《新农村建设丛书》是一套针对"农家书屋""阳光工程""春风工程"专门编写的丛书,是吉林出版集团组织多家科研院所及千余位农业专家和涉农学科学者倾力打造的精品工程。

丛书内容编写突出科学性、实用性和通俗性,开本、装帧、定价强调适合农村特点,做到让农民买得起,看得懂,用得上。希望本书能够成为一套社会主义新农村建设的指导用书,成为一套指导农民增产增收、提高自身文化素质、更新观念的学习资料,成为农民的良师益友。

扫码解锁
○AI实践导师 ○在线阅读
○技术指导 ○政策解读

目 录

第一章 建筑结构常识 ………………………………… 1
第一节 房屋建筑的分类 …………………………… 1
第二节 房屋建筑的主要结构——基础 …………… 5
第三节 房屋建筑的主要结构——楼板及楼地面 … 21
第四节 房屋建筑的主要结构——门窗、楼梯和电梯 … 33
第五节 房屋建筑的主要结构——墙体 …………… 60
第六节 房屋建筑的主要结构——屋顶 …………… 76
第七节 房屋建筑的其他结构 ……………………… 103

第二章 建筑识图常识 ………………………………… 108
第一节 房屋建筑施工图的分类 …………………… 108
第二节 投影原理与视图 …………………………… 118
第三节 图　　例 …………………………………… 122

第三章 建筑施工材料 ………………………………… 131
第一节 砌筑用料 …………………………………… 131

第二节 砌筑砂浆用料及其他材料 …………………… 141

第四章 建筑施工工具与机械设备 …………………… 149

第一节 常用的砌筑工具 …………………………… 149

第二节 常用机械设备 ……………………………… 156

第三节 其他辅助工具 ……………………………… 162

第一章 建筑结构常识

建筑,就是建筑物和构筑物的总称。

建筑物指的是供人们直接进行生产、生活或其他活动的房屋和场所。如住宅、商场、影剧院、医院、候车室、办公楼、教学楼、招待所、体育馆等。

构筑物指的是人们不直接在内进行生产、生活、工作和学习的建筑物。如围墙、烟囱、堤坝、桥梁、水塔、水池、囤仓等。

建筑结构:建筑物中由承重构件(如基础墙、梁、柱、楼梯、楼盖等)组成的结构体系,用以承受作用在建筑物上的各种荷载。建筑结构必须具有足够的强度、刚度、稳定性和耐久性,以适应使用要求。

第一节 房屋建筑的分类

一、房屋建筑的分类

(一)按使用功能的不同分类

1. 工业建筑 供工业生产用的建筑物。包括各种生产车间及仓库等。工业建筑的组成如图1—1所示。

2. 农业建筑 供农业生产用的建筑物。包括农机站、泵站、畜禽舍、暖房和仓库等。

3. 园林建筑 建造在园林内供游憩用的建筑物。包括亭台、楼阁、厅堂、廊榭等。

4. 水工建筑 水利工程中各类建筑物的统称。包括水池、水塔、水闸、水坝、码头、管道、过滤池等。

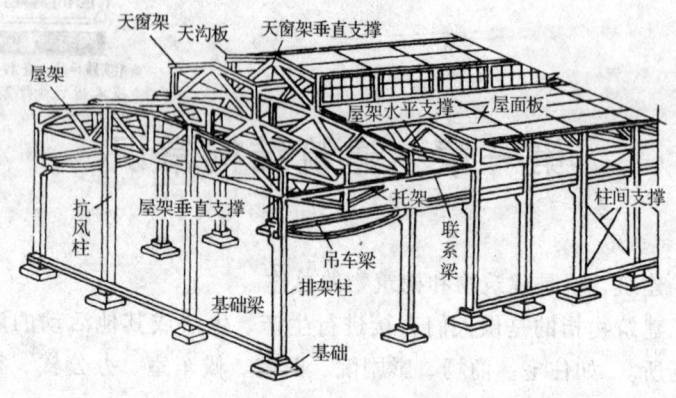

图 1—1 工业建筑的组成

5. 民用建筑 居住建筑和公共建筑的总称。

(1) 居住建筑 供生活起居用的建筑物的统称。包括住宅、宿舍、宾馆、招待所、公寓等。

(2) 公共建筑 供进行社会活动的非生产性建筑物。包括办公楼、教学楼、图书馆、医院、影剧院、体育馆、展览馆、商店、车站、机场等。

(二) 按楼层多少及高度分类

1. 低层建筑 1~3 层的建筑物。

2. 多层建筑 4~6 层的建筑物。

3. 中高层建筑 7~9 层、24m 以下的建筑物。

4. 高层建筑 10~30 层、总高度在 24~100m 之间的住宅建筑、公共建筑及综合性建筑。

5. 超高层建筑 31 层以上、总高度在 100m 以上的住宅建筑或公共建筑。

(三) 按构成的材料不同分类

1. 土木结构 以土坯墙、干打垒土墙、泥浆草辫墙和木屋架为主要结构的房屋建筑。

2. 砖木结构 以砖墙和木屋架为主要结构的房屋建筑。

3. 砖混结构 承重结构以砖石砌体为主,楼板用混凝土或木板、屋顶用木屋架挂瓦或用钢筋混凝土做屋面的房屋建筑。

4. 混凝土结构 基础、主要承重结构（梁、柱、板、屋架）均为钢筋混凝土结构的房屋建筑。如图1-2所示。

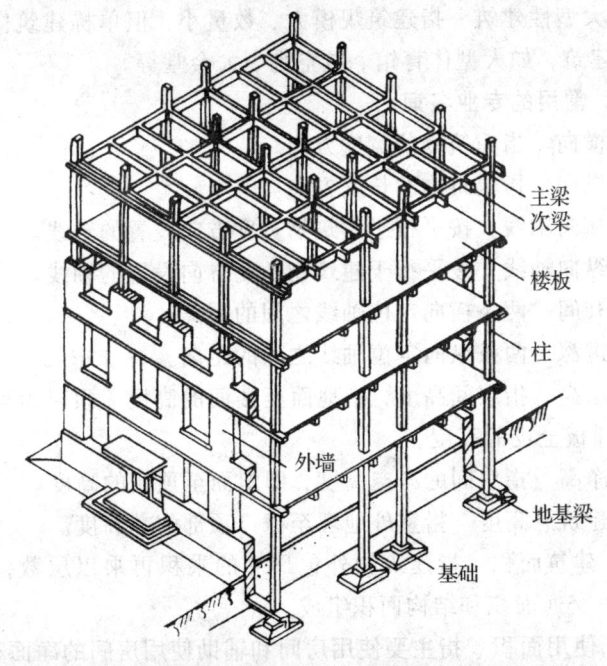

图1-2 混凝土结构建筑

（四）按施工方法的不同分类

1. 全装配式建筑 指主要构件如墙板、楼板、屋面板、楼梯等都在工厂或施工现场预制，然后全部在施工现场装配。

2. 全现浇式建筑 指主要承重构件如钢筋混凝土梁、板、柱、楼梯等构件，都在施工现场浇筑的建筑。

3. 部分现浇、部分装配式的建筑 指一部分构件如楼梯、楼板、屋面板等在工厂预制，另一部分构件如梁、柱等为现场浇筑的建筑。

(五)按建筑物的规模和数量分类

1. **大量性建筑**　指单体建筑规模不大，但兴建数量多、分布面广的建筑，如住宅、学校、办公楼、商店等。

2. **大型性建筑**　指建筑规模大、数量小，但单栋建筑体量大的公共建筑，如大型体育馆、航空港、大会堂等。

二、常用的专业名词

1. **横向**　指建筑物的宽度方向。
2. **纵向**　指建筑物的长度方向。
3. **横向轴线**　按平行于建筑物宽度方向设置的轴线。
4. **纵向轴线**　按平行于建筑物长度方向设置的轴线。
5. **开间**　两条横向定位轴线之间的距离。
6. **进深**　两条纵向定位轴线之间的距离。
7. **层高**　指层间高度，指地面至楼面的高度（顶层为顶层楼面到屋顶板上皮的高度）。
8. **净高**　指房间的净空高度，即地面至顶棚的高度。
9. **建筑总高度**　指室外地坪至檐口顶部的总高度。
10. **建筑面积**　指建筑物外包尺寸的乘积再乘以层数，由使用面积、交通面积和结构面积组成。
11. **使用面积**　指主要使用房间和辅助使用房间的净面积。
12. **交通面积**　指走廊、门厅、过厅、楼梯、坡道、电梯、自动扶梯等所占的净面积。
13. **结构面积**　指墙体、柱子等所占的面积。

三、房屋建筑物的组成

一般民用房屋建筑主要是由基础、墙体、梁、柱、楼板（楼地面）、楼梯、室内地坪、屋顶和门窗等组成。其他的附属部分还有：阳台、雨罩、台阶、挑檐、勒脚、散水、女儿墙等。如图1-3所示。

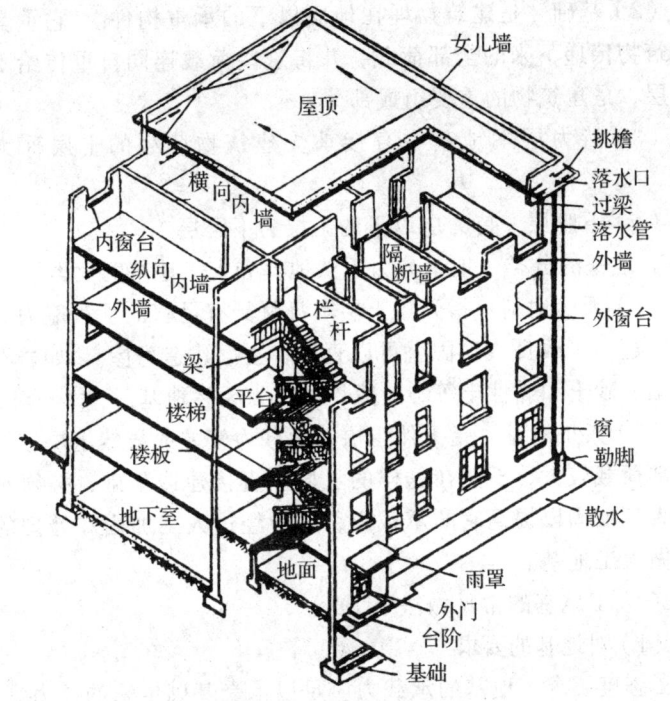

图 1-3 房屋的组成

第二节 房屋建筑的主要结构——基础

基础是整个房屋在地面下的承重结构。它要承受整个房屋的全部荷载，并均匀地传递给地基。一般用砖、石、混凝土或钢筋混凝土等材料砌筑而成。

一、有关地基、基础的一般知识

1. 有关概念

（1）地基 是基础下面承受其传来全部荷载的土层。地基承受建筑物荷载而产生的应力和应变是随着土层深度的增加而减小，在达到一定的深度以后则可以忽略不计。

（2）基础　是建筑物埋在地面以下的承重构件。它承受上部建筑物传递下来的全部荷载，并将这些荷载连同自重传给下面的土层，是建筑物的重要组成部分。

（3）持力层　地基中直接承受建筑物荷载的土层称为持力层。

（4）下卧层　持力层以下的土层为下卧层。

2. 地基的分类　地基分为天然地基和人工地基两大类。

（1）天然地基　指天然土层本身就具有足够的承载能力，不需要经过人工改良或加固就可以直接在上面建造房屋。如岩石、碎石土、砂土和黏性土等，一般均可作为天然地基。

（2）人工地基　指天然土层的承载力较差或虽然土层较好，但上部荷载较大，不能在这样的土层上直接建造基础，必须对其进行人工加固以提高它的承载力，这种经过人工加固和处理的土层叫做人工地基。

3. 人工地基的常见做法

（1）对地基的要求

①强度要求　地基的承载力应足以承受基础传来的压力。地基承受荷载的能力称为地基承载力，用地耐力表示，即地基单位面积所承受荷载的大小，单位为 kPa。

②变形要求　地基的沉降量和沉降差应保持在允许的沉降范围内。建筑物的荷载通过基础传给地基，地基因此产生应变，出现沉降。若沉降量过大，会造成整个建筑物下沉过多，影响建筑物的正常使用；若沉降不均匀，沉降差过大，会引起墙身开裂、倾斜甚至破坏。

③稳定性要求　即要求地基有防止产生滑坡、倾斜的能力。

（2）人工地基的常见做法

①换土法　当地基土为淤泥、冲填土、杂填土及其他高压缩性土时，应采用换土法。换土所用材料选用中砂、粗砂、碎石或级配碎石等空隙大、压缩性低、无侵蚀性的材料，换土范围由计

算确定。

②压实法 对于有一定含水量的地基土可以通过夯实、碾压和振动法将土层压实，提高其强度，降低其透水性和压缩性。

③打桩法 当地基土上部为软弱土层，可以从软弱土层置入桩身，将建筑物建造在桩上，因此也可称为桩基础。桩基础对地基有挤密作用，可以承受较大的荷载，减小建筑物的不均匀沉降，具有较好的抗震性能，但造价较高。常见的桩有：支撑桩、钻孔桩、振动桩、爆扩桩等。

4. 对基础的要求

（1）强度要求 基础应具有足够的强度，才能稳定地把荷载传给地基，如果基础在承受荷载后受到破坏，整个建筑物的安全就无法保证。

（2）耐久性要求 基础是埋在地下的隐蔽工程，由于它在土中经常受潮，而且建成后检查、维修、加固很困难，所以在选择基础的材料和构造形式时应与上部建筑物的使用年限相适应。

（3）经济方面的要求 基础工程的造价占建筑物总造价的10%～40%，基础方案的确定，要在坚固耐久、技术合理的前提下，尽量就地取材，减少运输，以降低整个工程的造价。

二、基础的类别

基础按构造形式可分为带形基础、独立基础、满堂基础、桩基础。

1. 带形基础 也叫刚性基础，根据所用材料的不同，又分为砖基础、毛石基础、混凝土基础。如图1-4所示。

（1）砖基础 一般用于荷载不大、基础宽度较小、土质较好、地下水位较低的地基上。由于砖的耐久性、抗冻性、耐侵蚀性较差，因此在潮湿或地下水位较高的地基中，不适合用砖基础。

（2）毛石基础 是用毛石和水泥砂浆砌筑而成。当荷载不大，土壤压力允许的情况下，基础断面形式可做成矩形，如图1-4（d）所示。若荷载较大，超过允许压力时，基础底面要扩大,可砌成阶梯形,如图1—4(e)所示。 还有梯形,如图1—4(f)所示。 毛石基础的顶面应比墙身宽100mm,以保证施工质量。

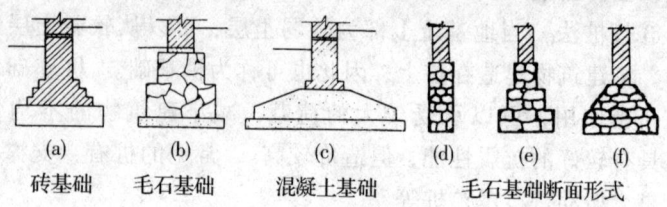

(a) 砖基础　(b) 毛石基础　(c) 混凝土基础　(d)(e)(f) 毛石基础断面形式

图1—4　刚性基础

(3)混凝土基础　是混凝土浇捣而成的,其断面有矩形、梯形和锥形。 有坚固耐久的优点。 当整个房屋传给基础的总荷载很大,而地基又软弱时,为了节省材料和资金,可改用钢筋混凝土基础,以增强基础的抗拉力和抗弯力。 可做成扁锥形断面。

2.独立基础　当建筑物上部结构为框架结构时,常采用台阶形、锥形的独立基础。 如图1—5所示。

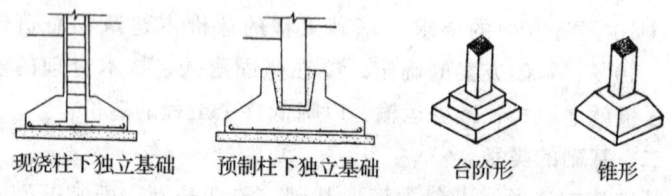

现浇柱下独立基础　预制柱下独立基础　台阶形　锥形

图1—5　独立基础

3.满堂基础　又有筏式基础和箱形基础之称。 当建筑上部荷载很大,土质很弱,地基的承载能力不够时,为尽量扩大基础的面积,而做成满堂基础,也就是把房屋放在一块整体的厚板上。 满堂基础多用钢筋混凝土,由板、梁组砌而成。 如图1—6所示。

4.桩基础　当建筑物的荷载较大,地基的弱土层较厚,采用浅基础不能满足强度和变形限制要求时,必须采用桩基础。 通过桩端把较大的荷载传给较深的坚硬的土层,或通过桩与周围的摩擦力传给地基。如图1-7所示。

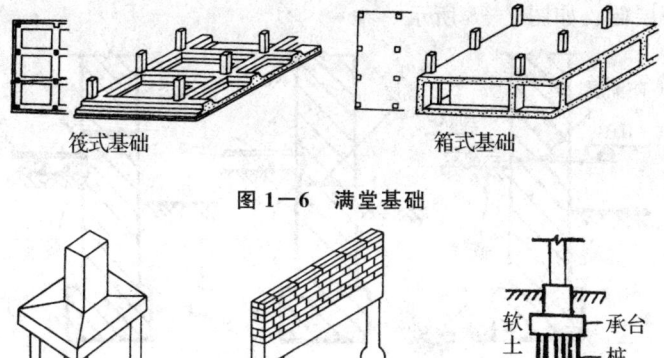

图1-6 满堂基础

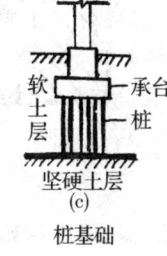

图1-7 桩基础

三、基础的深度

基础埋得过浅，不能保证房屋的安全稳定；埋得过深，要增加材料消耗，提高工程造价。所以，合理的埋置深度可根据下面几个因素综合考虑。

1. 埋置最浅的也不得少于50cm。
2. 当建筑物层数多，荷载大时应埋深些。
3. 在寒冷地区，一般的基础埋置深度都要超过冻层。
4. 若房屋有地下管沟时，基础应深埋。
5. 如新建房屋的附近有建筑物时，新建筑物不宜比原有建筑物深。

四、基础的防潮层

为了防止基础及土壤中的潮气和水分沿墙体上升，以保证墙体的干燥、室内卫生，提高墙身的坚固性和耐久性，要在基础的顶部用防水材料做隔离层，即防潮层。防潮层根据用料的不同，有防水砂浆防潮层和油毡防潮层两种做法。

防潮层的设置应在室外地面之上,在室内地坪(±0.00)以下一层砖,如图1-8所示。

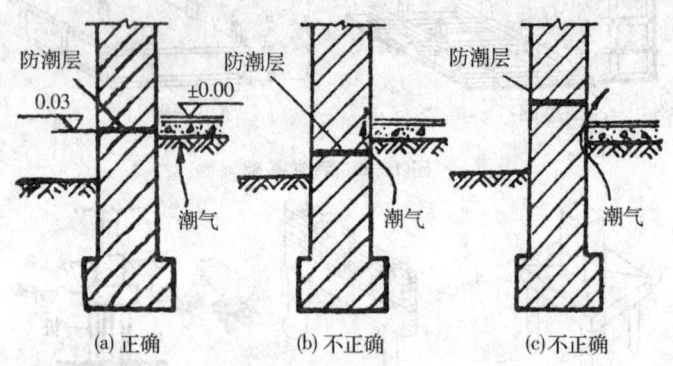

图1-8 防潮层设置

五、基础中特殊问题的处理

建筑物因高度、荷载、结构类型或地基承载力不同等将会产生不均匀沉降,导致建筑物开裂、破坏,影响使用,因此需设沉降缝,沉降缝应使建筑物从基础底面到屋顶全部断开,此时,基础沉降缝有3种处理方法。

1. 双墙式沉降缝处理方法 将基础平行设置,沉降缝两侧的墙体均位于基础的中心,两墙之间有较大的距离,如图1-9(a)所示。

若两墙间距小,基础则受偏心荷载,适用于荷载较小的建筑,如图1-9(b)所示。

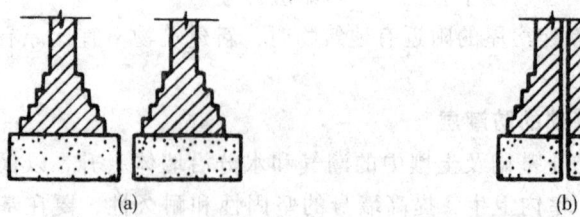

图1-9 基础沉降缝处双墙式处理

2.交叉式处理方法 将沉降缝两侧的基础交叉设置，在各自的基础上支撑基础梁，墙砌在梁上，适用于荷载较大，沉降缝两侧的墙体间距较小的建筑，如图1—10所示。

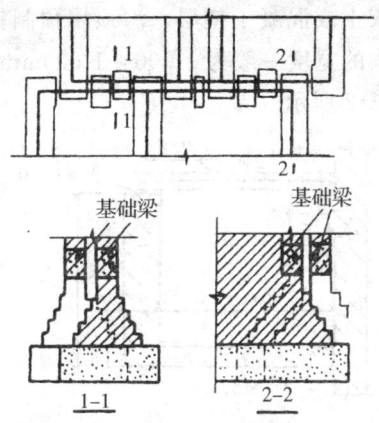

图1—10 基础沉降缝处交叉式处理

3.悬挑式处理方法 将沉降缝一侧的基础按一般设计，而另一侧采用挑梁支撑基础梁，在基础梁上砌墙，墙体材料尽量采用轻质材料悬挑式处理方法，如图1—11所示。

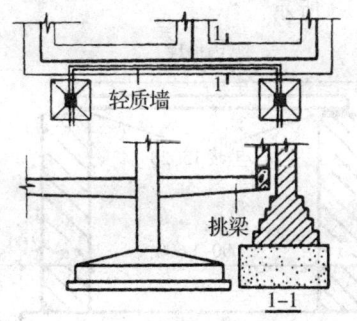

图1—11 基础沉降缝处悬挑式处理

六、基础管沟

由于建筑物内有采暖等设备，这些设备的管线在进入到建筑物之前，需要埋在地下，进入建筑物后，一般都布置在管沟中。

这些管沟大多是沿内、外墙布置，但也有少量从建筑物中间通过。管沟一般有3种类型。

1.沿墙管沟 这种管沟的一边是建筑物的基础墙，另一边是管沟墙，沟底用灰土或混凝土垫层，沟顶用预制钢筋混凝土板做管沟的盖板，管沟的宽度一般为1 000~1 600mm、深度1 000~1 400mm，如图1-12所示。

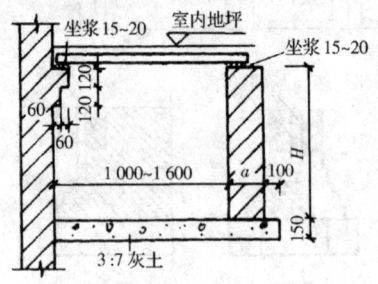

图1-12 沿墙管沟（mm）

2.中间管沟 这种管沟在建筑物的中部或室外，一般由两道管沟墙支承上部的沟盖板，这种管沟在室外时，还要特别注意上部地面是否过车道路，如是经常过车的通道，应选择强度较高的沟盖板，如图1-13所示。

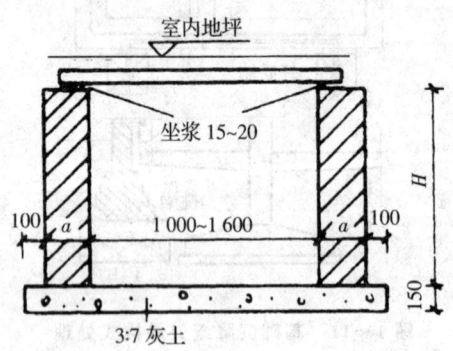

图1-13 中间管沟（mm）

3.过门管沟 暖气的回水管线走在地上，遇有门口时，应将管线转入地下通过,需要做过门管沟,这种管沟的断面尺寸为400mm×400mm,上铺沟盖板,如图1-14所示。

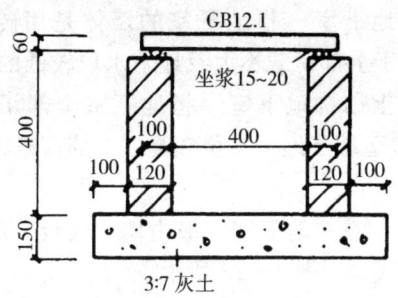

图1-14 过门管沟(mm)

七、地下室的构造

地下室就是建筑物底层地面以下的房间。建造地下室不仅能够在有限的占地面积内增加使用空间,提高建设用地的利用率,还可以省掉房心回填土,比较经济。

1. 地下室的分类

(1) 按使用性质分类

①普通地下室 就是普通的地下空间。一般按地下楼层进行设计,可用以满足多种建筑功能的要求,如储藏、办公、居住、停车等。

②人防地下室 有防空要求的地下房间。人防地下室应妥善解决紧急状态下的人员隐蔽与疏散,应有保证人身安全的技术措施,同时还考虑和平时期的使用。

(2) 按埋入地下的深度分类

①全地下室 指地下室顶板底面标高低于室外地面标高的地下室。因为防空地下室有防止地面水平冲击波破坏的要求,所以多采用此种类型的地下室。

②半地下室 指地下室顶板底面标高高于室外地面标高的地下室。这种地下室一部分在地面以上,易于解决采光、通风等问

题,普通地下室多采用此种类型。

(3)按结构材料分类

①砖墙结构地下室 指地下室的墙体是用砖砌筑而成的。这种地下室适用于上部荷载不大及地下水位较低的情况。

②钢筋混凝土结构地下室 指地下室全部用钢筋混凝土浇筑。这种地下室适用于地下水位较高、上部荷载很大及有人防要求的情况。

2. 地下室的构造 地下室一般由墙、底板、顶板、门和窗、采光井等部分组成,如图1-15所示。

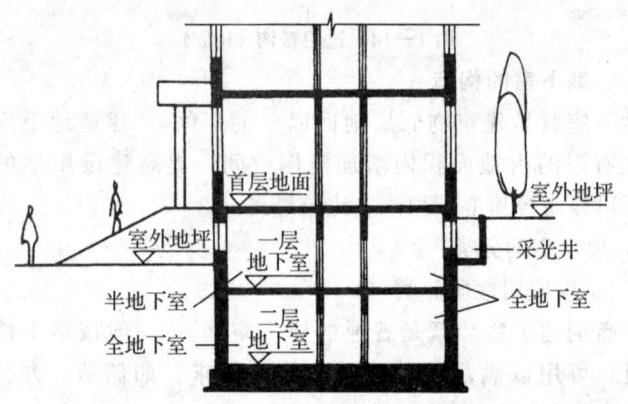

图1-15 地下室的组成

(1)墙体 地下室的墙不仅要承受上部的垂直荷载,还要承受土、地下水以及土壤受冻后膨胀时所产生的侧压力。所以,地下室的墙的厚度,应经过计算确定。采用最多的是混凝土或钢筋混凝土墙,其厚度一般不小于300mm。如地下水位较低可采用砖墙,其厚度应不小于490mm。

(2)顶板 地下室的顶板采用现浇或预制钢筋混凝土板。防空地下室的顶板,一般应为现浇钢筋混凝土板。如采用预制板时,往往在板上浇筑一层钢筋混凝土整体层,以保证顶板有足够的整体性能。

(3）底板　地下室的底板，不仅承受作用于它上面的垂直荷载，当地下水位高于地下室底板时，还必须承受底板下水的浮力，所以要求底板应具有足够的强度、刚度和抗渗能力，否则易出现渗漏现象，因此地下室底板常采用现浇钢筋混凝土板。

（4）门和窗　地下室的门窗与地上部分相同。防空地下室的门应符合相应等级的防护和密闭要求，一般采用钢门或钢筋混凝土门，防空地下室一般不允许设窗。

（5）采光井　当地下室的窗在地面以下时，为达到采光和通风的目的，应设置采光井，一般每个窗设一个，当窗的距离很近时，也可将采光井连在一起。

采光井由侧墙、底板、遮雨设施或铁箅子组成，侧墙一般为砖墙，井底板则由混凝土浇筑而成，如图1-16所示。

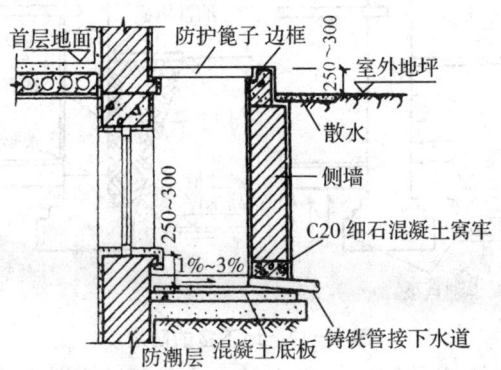

图1-16　采光井的构造（mm）

采光井的深度，视地下室窗台的高度而定，一般采光井底板顶面应比窗台低250～300mm。采光井在进深方向（宽）为1 000mm左右，在开间方向（长）应比窗宽大1 000mm左右。

采光井侧墙顶面应比室外地面标高高出250～300mm，以防止地面水流入。

（6）楼梯　地下室可与地面部分的楼梯结合设置。由于地下室的层高较小，故多设单跑式楼梯。一个地下室至少应有两部楼梯通向地面，防空地下室也应至少有两个出口通向地面，其中一个必须是独立的安全出口，且安全出口与地面以上建筑物应有一定距离，一般不得小于地面建筑物高度的一半，以防止地面建筑物破坏坍落后将出口堵塞。

3. 地下室的防潮与防水

（1）地下室的防潮　当设计最高地下水位低于地下室底板300mm以上，且地基范围内的土壤及回填土无上层滞水，地下室只需做防潮处理。这时，如地下室墙为混凝土或钢筋混凝土结构时，本身就有防潮作用，不必再做防潮层，如地下室为砖砌结构时，应做防潮层，通常做法是在墙身外侧抹防水砂浆并与墙基水平防潮层相连接，如图1-17所示。

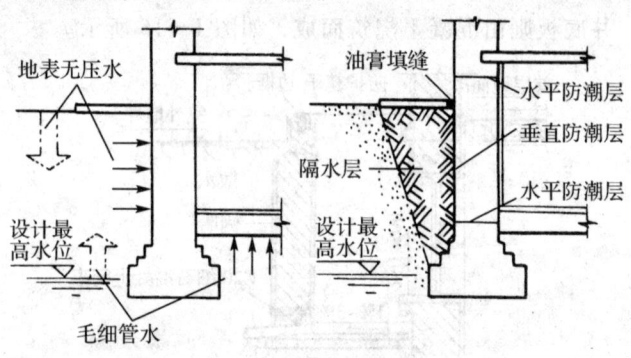

图1-17　地下室的防潮

（2）地下室的防水　当设计最高地下水位高于地下室底板时，地下室的墙身、底板不仅受地下水、上层滞水及毛细管水等作用，还要受地表水的作用，如地下室防水性能不好，轻则引起室内墙面灰皮脱落，墙面上生霉，影响人体健康；重则进水使地下室不能使用或影响建筑物的耐久性。因此，保证地下室在使用时不渗漏，是地下室构造设计的主要任务。目前我国颁发的《地下工程防水技术规范》（GB50108-2001）把地下工程防水分为4级，见表1-1。各地下工程的防水等级，应根据工程的重要性和使用中对防水的要求按表1-2的适用范围进行选定。

表1-1 地下工程防水等级标准

防水等级	标 准
一级	不允许渗水,结构表现无湿渍
二级	不允许漏水,结构表可有少量湿渍 工业与民用建筑:总湿渍面积不应大于总防水面积(包括顶板、墙面、地面)的1/1000;任意100m² 防水面积上的湿渍≤1处,单个湿渍的最大面积≤0.1m² 其他地下工程:总湿渍面积不应大于总防水面积的6/1000;任意防水面积的湿渍≤4处,单个湿渍的最大面积≤0.2m²
三级	有少量漏水点,不得有线流和漏泥沙 任意防水面积上的漏水点数≤7处,单个漏水点的最大漏水量≤2.5L/d,单个湿渍的最大面积≤0.3m²
四级	有漏水点,不得有线流和漏泥沙 整个工程平均漏水量≤2L/m·d;任意100m² 防水面积的平均漏水量≤4L/m·d

表1-2 不同防水等级的适用范围

防水等级	适用范围
一级	人员长期停留的场所;因有少量湿渍会使物品变质、失效的贮物场所及严重影响设备正常运转和危及工程安全运营的部位;极重要的战备工程
二级	人员经常活动的场所;在有少量湿渍的情况下不会使物品变质、失效的贮物场所及基本不影响设备正常运转和工程安全运营的部位;重要的战备工程
三级	人员临时活动的场所;一般战备工程
四级	对渗漏水无严格要求的工程

目前我国地下工程防水常用做法有:防水混凝土防水、水泥砂浆防水、卷材防水、涂料防水、塑料防水板防水、金属防水层等。选用何种防水材料,应根据地下室的使用功能、结构形式、环境条件等因素合理确定,一般处于侵蚀介质中的工程,应采用耐侵蚀的防水混凝土、防水砂浆、卷材或涂料;结构刚度较差或受振动作用的

工程,应采用卷材、涂料等柔性防水材料。

①防水混凝土防水　当地下室的墙采用混凝土或钢筋混凝土结构时,可以连同底板一同采用防水混凝土,使承重、围护、防水功能三者合一。防水混凝土墙和底板不能过薄,一般应≥250mm;迎水面钢筋保护层厚度不应＜50mm。防水混凝土结构底板的混凝土垫层,强度等级不应＜C15,厚度不应＜100mm,在软弱土层中不应＜150mm。当防水等级要求较高时,还应该与其他防水层配合使用,如图1-18所示。

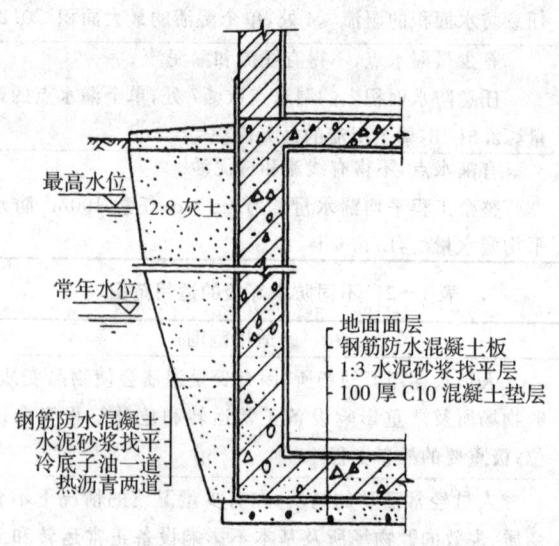

图1-18　防水混凝土防水做法(mm)

②水泥砂浆防水　水泥砂浆防水层的基层,如是混凝土结构的,强度等级不应小于C15;如是砌体结构,砌筑用的砂浆强度等级不应低于M7.5。水泥砂浆防水层可用于结构主体的迎水面或背水面,水泥砂浆防水层包括普通水泥砂浆,聚合物水泥防水砂浆,掺外加剂或掺合料防水砂浆等,聚合物水泥砂浆防水层厚度,单层施工宜为6～8mm,双层施工宜为10～12mm,掺外加剂、掺合料等的水泥砂浆防水层厚度宜为18～20mm,应分层抹制砂浆防水层一

般需要与其他防水层配合使用,如图1-19所示。

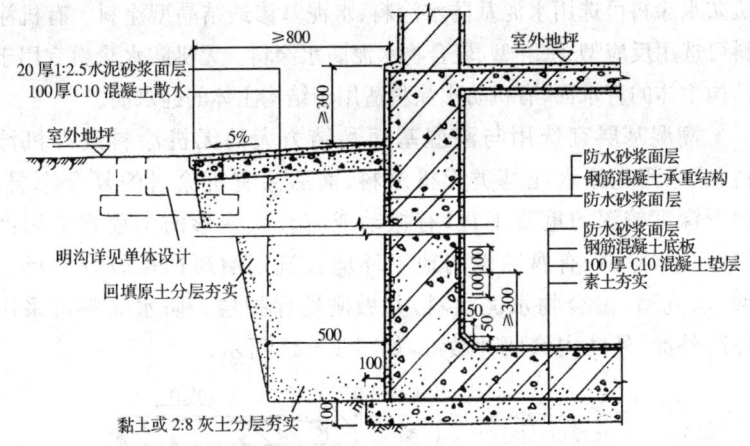

图1-19 水泥砂浆防水与防水混凝土防水结合做法(mm)

③卷材防水 卷材防水适用于侵蚀性介质作用或受振动作用的地下室。卷材防水层用于建筑物地下室时,应铺设在结构主体底板垫层至墙体顶端的基面上,在外围形成封闭的防水层,卷材防水常用的材料为高聚物改性沥青防水卷材或合成高分子防水卷材,可铺设一层或二层。铺贴卷材前,应在基面上涂刷基层处理剂,当基面较潮湿时,应涂刷湿固化型胶黏剂或潮湿界面隔离剂,基层处理剂应与卷材及胶黏剂的材性相容。铺贴高聚物改性沥青卷材应采用热熔法施工,铺贴合成高分子卷材采用冷黏法施工,如图1-20所示。

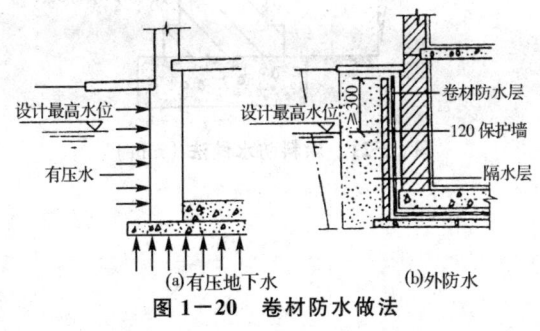

图1-20 卷材防水做法

④涂料防水　涂料防水包括无机防水涂料和有机防水涂料。无机防水涂料可选用水泥基防水涂料、水泥基渗透结晶型涂料。有机涂料可选用反应型、水乳型、聚合物水泥防水涂料。无机防水涂料宜用于结构主体的背水面，有机防水涂料适用于结构主体的迎水面。

潮湿基层宜选用与潮湿基面黏结力大的无机涂料或有机涂料，或采用先涂水泥基类无机涂料，而后涂有机涂料的复合涂层；埋置深度较深的重要工程，有振动或有较大变形的工程宜选用高弹性防水涂料；有腐蚀性的地下环境宜选用耐腐蚀性较好的反应型、水乳型、聚合物水泥涂料，并做刚性保护层。防水涂料可采用外防外涂、外防内涂两种做法，如图1-21所示。

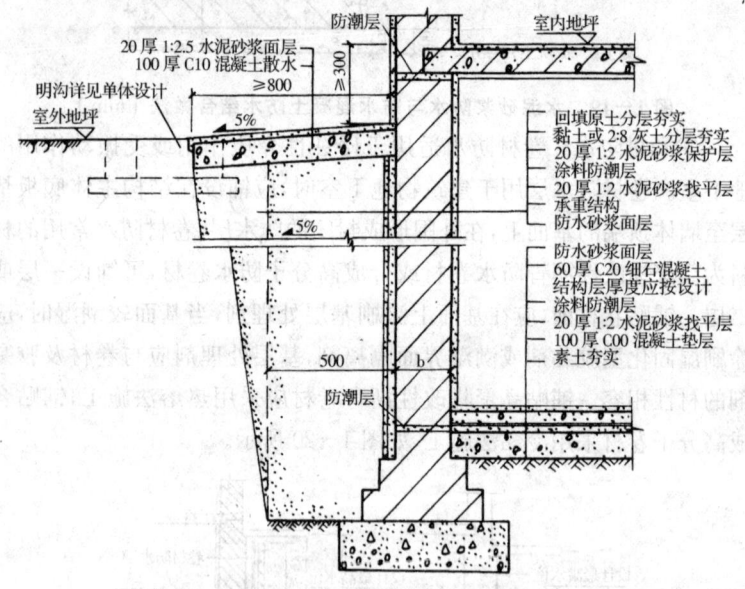

图1-21　涂料防水做法（mm）

第三节 房屋建筑的主要结构——楼板及楼地面

一、楼板的种类

按所选用的材料可分为木楼板、砖拱楼板和钢筋混凝土楼板。

1. 木楼板 具有自重轻、构造简单的特点，但因耐久性差、耗材量大、不防火，故很少用。

2. 砖拱楼板 可节省木材、钢材、水泥，但抗震性差，占空间大，施工麻烦，也很少用。

3. 钢筋混凝土楼板 可分为现浇板和预制板两种，具有强度高、刚度好，既耐久又防火等特点，故广为采用。

二、楼板的作用

一是可把多层房屋逐层分开，二是可承担楼板上人、家具物品、机器设备的重量。

三、地面

由垫层和面层组成。垫层起找平及调整地面厚度和坡度的作用，是承受和传递荷载的承重层。面层是人们日常生活、工作、生产过程中经常接触、直接摩擦、洗刷和承受压力的最表层，因此要求面层：

1. 要具有足够的坚固性、耐磨性，使其不易被磨损、破坏。

2. 地面要平整光滑，不起尘不起砂。

3. 要有一定的弹性，以减弱噪声。

4. 对浴室、厕所要求地面耐潮湿、不透水；化学实验室则要求地面要耐酸、耐碱、耐腐蚀。

四、楼板层的组成

楼板层主要由面层、结构层、顶棚层、功能层4部分组成，如图 1—22 所示。

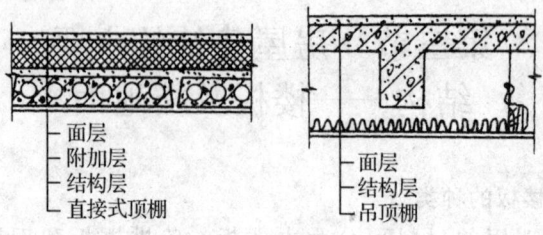

图 1—22 楼板层的组成

1. 面层 面层位于楼板层上表面，简称楼面。面层与人、家具设备等直接接触，起到保护结构层、承受并传递荷载、装饰等作用。

2. 结构层 是楼板层的承重部分，由梁、板等承重构件组成，简称楼板。楼板承受楼板层的全部荷载，并将其传给墙或柱，应具有足够的强度、刚度和耐久性。

3. 顶棚层 位于楼板最下表面，也是室内空间上部的装修层，俗称天花板。主要起保护结构层和装饰等作用。

4. 功能层 有时根据对楼板层的具体功能要求，还应该设置功能层，即附加层，如保温层、隔热层、防水层、防潮层、防腐层、隔声层等。它们位于面层与结构层或结构层与顶棚层之间。

五、楼板层的设计要求

为保证楼板层的结构安全和正常使用，楼板层的设计应满足下列要求：

1. 足够的强度和刚度 楼板作为承重构件应具有足够的强度，以承受楼面传来的荷载。为满足正常使用要求，楼板层必须具有足够的刚度，以保证结构在荷载作用下的变形能在允许的范围之内。

2. 防火、隔声、保温、隔热、防潮、防水等能力 楼板层应按对应等级的建筑和防火要求来设计，以避免和减少火灾引起的危害。为避免楼层上下空间的相互干扰，楼板层必须具有一定的隔声能力，为保证楼板层的正常使用要求，楼板层还应具有足够的保温、隔热、防潮、防水等能力。

3. **具有经济合理性** 由于楼板层占整个建筑造价的比例较高，故应保证楼板层与房屋的等级标准、房间的使用要求相适应，以降低造价。

六、楼板层的细部构造

1. 楼板层的防水与排水 有水侵蚀的房间（如厨房、卫生间等），为了便于排除室内积水，楼面应有1%～1.5%的坡度坡向地漏。同时为防止室内积水外溢，有水房间楼地面标高应比其他房间或走廊低20～30mm，或设相同高度的门槛，如图1-23所示。

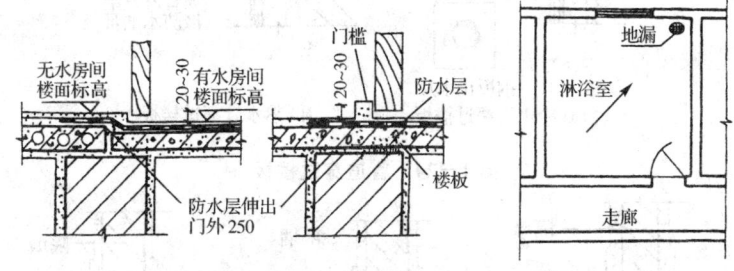

图1-23 楼板层的防水与排水（mm）

有水房间楼板应采用现浇钢筋混凝土板，并设一道防水层，并将防水层沿房间四周墙面向上深入踢脚线内100～150mm，开门处，防水层应铺出门外至少250mm。防水层一般采用卷材、防水砂浆或防水涂料等。

给排水管道穿过楼板处的防渗漏有两种方法。对于冷水管道，可在管道穿过楼板处用C20干硬性细石混凝土填实，再用防水涂料或防水砂浆做密封处理，如图1-24（a）所示。

对于热水管道穿过楼板处，考虑热胀冷缩的变化影响，应在管道与楼板相交处安装直径稍大的套管，高出楼地面30mm以上为宜，套管与管道间的缝隙内填塞弹性防水材料，如沥青麻丝上嵌防水油膏，如图1-24（b）所示。

2. 楼板与隔墙 隔墙如设置在楼板上时，必须从结构上予以考虑以保证安全。尽量选用轻质材料隔墙，以减小楼板受力，且尽可能避免隔墙的重量由一块楼板承担。可以在隔墙对应板下设梁，如图1-25（a）所示；或将隔墙设置在槽形板的纵肋上，如图1-25（b）所示；还可以将隔墙设置在板缝间的暗梁上，如图1-25（c）所示。

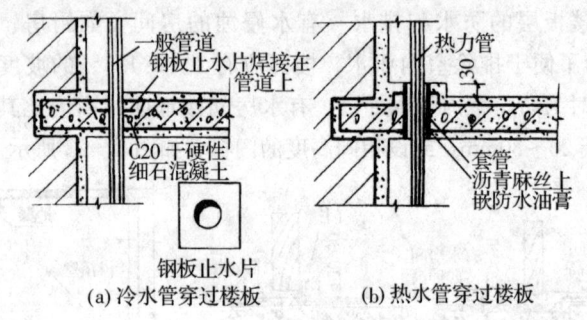

图1-24 管道穿过楼板

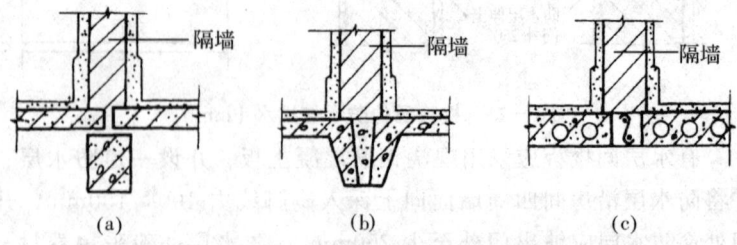

图1-25 隔墙在楼板上的搁置

3. 顶棚构造 楼板层的最底部构造就是顶棚。顶棚应表面光洁、美观，特殊房间还要求顶棚有隔声、保温、隔热等功能。顶棚按构造，其做法可分为直接式顶棚和吊式顶棚两种。

（1）直接式顶棚 直接式顶棚是直接在钢筋混凝土楼板下表面喷刷涂料、抹灰或粘贴装修材料的一种构造形式。直接式顶棚不占据房间的净空高度、造价低、效果好。但不适于需布置管网的顶棚，且容易剥落，维修周期短。采用大规格模板的现浇混凝土楼板，板底平整，可直接喷刷大白浆或乳胶漆等，不平整时可在板底抹灰后装修。有时为使室内美观，在顶棚与墙面交接处，通常做木制、金属、塑料、石膏线脚加以装饰。有特殊要求的房间，可在板底粘贴墙纸、吸声板、泡沫塑料板等装饰材料。直接式顶棚的构造如图1-26（a）所示。

（2）吊式顶棚　当房间顶部不平整或楼板底部需敷设导线、管线、其他设备或建筑本身要求平整、美观时，在屋面板（或楼板）下，通过设吊筋（木、钢筋等）将主、次龙骨（木质、槽钢、轻质型钢等）所形成的骨架固定，在骨架下固定各类装饰面板组成吊式顶棚，是一种广泛采用的顶棚形式。吊式顶棚的选材应依据装修标准及防火要求规定设计，其构造如图1-26（b）所示。

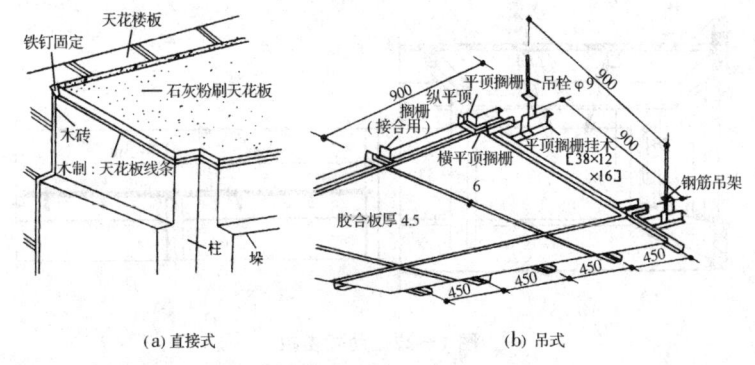

图1-26　顶棚构造（mm）

七、现浇钢筋混凝土楼板

现浇钢筋混凝土楼板是经现场支设模板、绑扎钢筋、浇灌并振捣混凝土、养护等工序而制成的楼板。具有整体性能好、抗震性能强、防水抗渗性能佳，适应各种建筑平面形状等优点，但也存在着模板用量多、现场施工作业量大、施工受季节影响等不足。

目前在施工中使用大规格模板，组织施工流水作业等方法，逐步改善了其不足之处，所以被广泛采用。

现浇混凝土楼板可分为板式楼板、肋梁楼板、无梁楼板、钢衬板组合楼板等几种。

1. 板式楼板 板式楼板是直接支撑在墙上、厚度相同的平板。楼板上荷载直接由板传给墙体不需另设梁。由于现场采用大规格模板，板底平整，有时顶棚可不需要另外抹灰（模板间混凝土的"缝隙"应打磨平整），目前采用较多。

2. 肋梁楼板 当房间开间、进深尺寸较大时，如果仍然采用板式楼板，必然要加大板的厚度，增加板内配筋，使楼板自重加大，且又不经济。在这种情况下，可在适当位置设置肋梁，形成肋梁楼板，如图1—27所示。肋梁楼板依据其受力特点和支撑情况又可分为单向板、双向板和井式楼板。

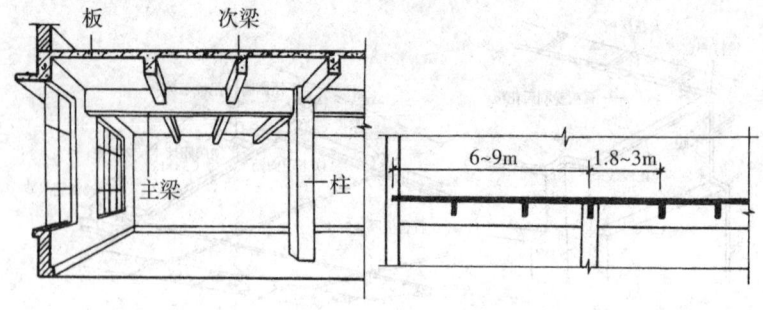

图 1—27 肋梁楼板

（1）单向板 楼板的长边与短边跨度之比 $l_2/l_1 > 2$ 时，称为单向板，如图1—28（a）所示。单向板肋梁楼板由主梁、次梁和板组成。主梁经济跨度一般为6~9m，截面高度为跨度的1/14~1/8，宽度为梁高的1/3~1/2。次梁的经济跨度（即主梁间距）一般为4~7m，截面高度为次梁跨度的1/18~1/12，宽度为梁高的1/3~1/2。板的经济跨度（即次梁的间距）一般为1.8~3.0m，板厚不小于其跨度的1/40，一般取70~100mm。板内受力钢筋沿短边方向布置（在板的外侧），分布钢筋沿长边方向布置（在板的内侧），受力与传力方式为：楼板将所承受的荷载传递给次梁，次梁将荷载传给主梁，主梁再将荷载传给柱或墙体。

（2）双向板 楼板的长边与短边跨度之比 $l_2/l_1 \leq 2$ 时称为双

向板,如图1-28(b)所示。 双向板由板和肋梁组成。 单跨简支板的板厚不小于短边跨度的1/45,连续双向板的板厚不小于短边跨度的1/50,沿板的两个方向设置受力钢筋(短边方向的受力钢筋放在板的外侧)。

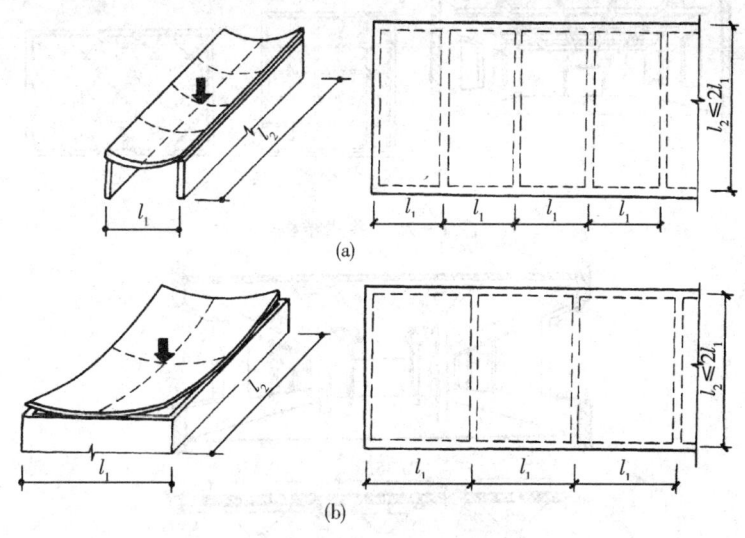

图1-28 单向板和双向板
(a)单向板 (b)双向板

（3）井式楼板 适用于平面形状为方形或接近方形（长边与短边之比小于1.5）的房间。 两个方向的梁可采取正放正交或斜放正交,梁的截面尺寸相同、等距离布置而形成方格,如图1-29所示。 井式楼板梁的跨度可达30m,板的跨度一般为3m左右。 井式楼板一般井格外露,产生结构带来的自然美感,房间内不设柱,适用于门厅、大厅、会议室、小型礼堂等。

3. 无梁楼板 无梁楼板是将板直接支承在柱和墙上,不设梁的楼板,如图1-30所示（图中的l为柱距,h为板厚）。 一般在柱顶设柱帽以增大柱对板的支撑面积和减小板的跨度。 柱网一般为间距不大于6m的方形网格,板厚不小于120mm。 无梁楼板顶棚平整，楼层净空大，采光、通风较好，多用于楼板上或荷载较大的商店、仓库、展览馆等建筑。

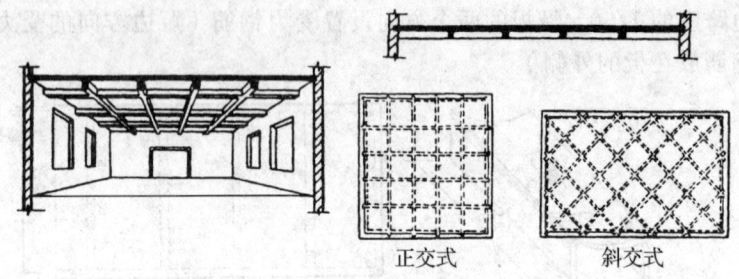

图1—29 井式楼板

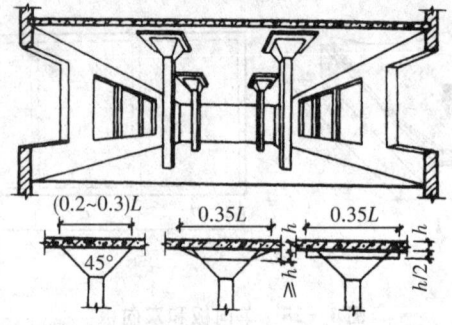

图1—30 无梁楼板

4. 钢衬板组合楼板 钢衬板组合楼板是利用压型钢衬板（分单层和双层）与现浇钢筋混凝土一起支撑在钢梁上形成的整体式楼板结构（压型钢衬板兼起施工模板作用），如图1—31所示，主要用于大空间的高层民用建筑或大跨度工业建筑。由于压型钢板作为混凝土永久性模板，简化了施工程序，加快了施工进度。压型钢板的肋部空间可用于电力管线的穿设，还可以在钢衬板底部焊接架设悬吊管道、吊顶棚支托等，从而可充分利用楼板结构所形成的空间。但由于钢衬板组合楼板造价较高，故目前在我国较为少用。

钢衬板组合楼板由楼面层、组合板和钢梁3部分组成。构造形式有单层钢衬板组合楼板和双层钢衬板组合楼板两类，钢衬板之间和钢衬板与钢梁之间的连接，一般采用焊接、螺栓连接、铆钉连接等方法。

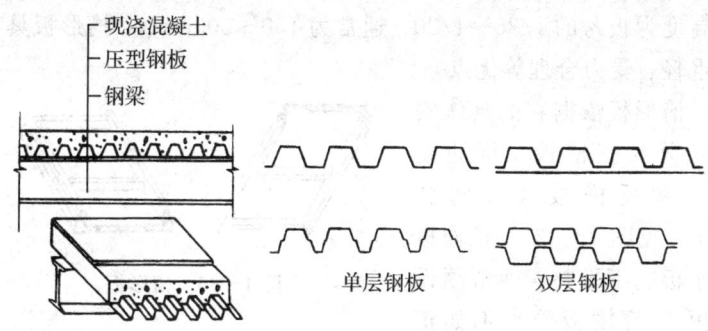

图1-31 钢衬板组合楼板

八、预制装配式钢筋混凝土楼板

这种楼板是指在预制厂或施工现场制作，在施工现场进行安装的楼板。它可提高工业化施工水平、节约模板、缩短工期，尤其是采用预应力钢筋混凝土楼板可减少构件的变形、裂缝。但预制装配式钢筋混凝土楼板整体性较差，故近几年在抗震区的应用受到很大限制。

1. 预制装配式钢筋混凝土楼板的种类

（1）实心平板 预制实心平板，如图1-32所示。其跨度一般不超过2.4m，预应力实心平板跨度可达到2.7m；板厚为跨度的1/30，一般为60～100mm，宽度为600mm或900mm。预制实心平板板面平

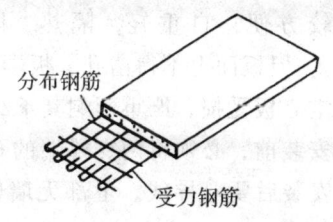

图1-32 实心平板

整、制作简单、安装方便。由于跨度较小，通常用于走道板、架空隔板、地沟盖板等。

（2）槽形板 在实心平板的两侧或四周设边肋而形成的槽形

板，如图1-33所示，属于梁、板组合而成的构件。由于有小肋承担板上全部荷载，槽形板的厚度较薄，仅为25~40mm。槽形板的跨度可达7.2m，宽度有600mm、900mm、1200mm等，肋部高度为板跨的1/25~1/20，通常为150~300mm。槽形板具有自重轻、受力合理等优点。

槽形板依据它的具体安装可分为正槽板（板肋朝下）和反槽板（板肋朝上），见图1-33。正槽板由于板底不平整，通常须设吊顶。反槽板受力不如正槽板合理，安装后楼面不平整（可在肋与肋之间填放松散的材料，解决隔声、保温、隔热等问题），但天棚平整。

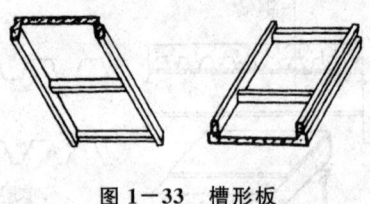

图1-33 槽形板

（3）空心板 空心板是将预制板抽孔后制成的，如图1-34所示。与实心平板相比，空心板在不增加钢筋和混凝土用量的前提下，可提高构件的承载能力和刚度、减轻自重并节省材料。空心板的孔洞有方孔和圆孔两种。空心板制作较方便，自重轻、隔热、隔声效果好。但板面上不得凿孔、板端不得开口、板端钢筋不得剪断，以免空心板受损，严重影响其承载能力，甚至导致其破坏。空心板在安装前，必须将两支撑端的孔内用预制混凝土块或砖块等堵严（安装后要穿导线，上部无墙体板除外），以提高板端抗压、传载能力和避免灌缝材料进入孔内等。板厚依其跨度大小有120mm、180mm、240mm等，板宽有600mm、900mm、1 200mm等。

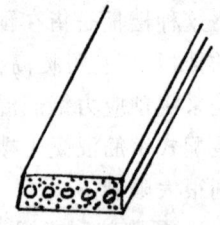

图1-34 空心板

2. 预制装配式钢筋混凝土楼板的构造

(1) 预制钢筋混凝土楼板的搁置

①支撑楼板的墙或梁表面应平整,其上面用厚度为20mm的M5水泥砂浆坐浆,保证安装后的楼板平整、不错动,以避免楼面层在板缝处开裂。板缝用C20细石混凝土灌实,以加强板与板的连接,增强建筑物的整体刚度,避免板缝开裂而影响正常使用。

②为满足传递荷载、墙体抗压的要求,预制楼板搁置在钢筋混凝土梁上时,搁置长度不小于80mm;预制楼板搁置在墙上时,搁置长度不小于100mm。板搁置在梁上,因梁的断面形状不同有两种情况:板搁置在梁顶,梁板占空间较大,如图1-35(a)所示;当梁的截面形状为花篮形、T形时,可把板搁置在梁侧挑出部分,板不占用高度,故此种情况当层高不变时,可以提高梁底标高、增大净空高度,如图1-35(b)、图1-35(c)所示。板搁置在墙上,应用拉结钢筋将板与墙连接起来。非地震区,拉结钢筋间距不超过4m,地震区依设防要求而减小,如图1-36(a)、(b)、(c)、(d)所示。

③预制楼板一般为单向受力构件,当板边与外墙平行时,板不得伸入平行墙内,以免"自由"边受力而破坏[预制板与外墙平行处的构造做法如图1-36(e)、(f)所示],也不能用于悬臂板使用,以避免无筋一侧受拉而破坏。

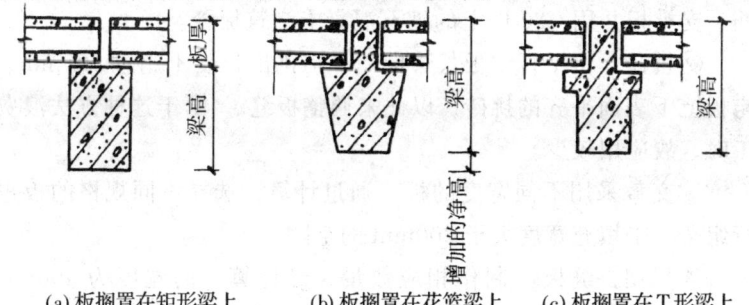

(a) 板搁置在矩形梁上　　(b) 板搁置在花篮梁上　　(c) 板搁置在T形梁上

图1-35　板在梁上的搁置

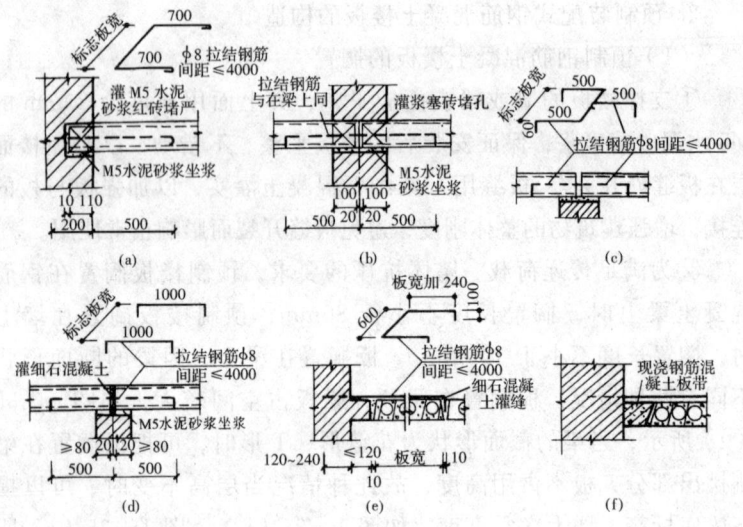

图 1-36 预制板安装节点构造（mm）

（2）板缝的处理 预制钢筋混凝土板一般均为标准的定型构件，具体布置时，数块板的宽度尺寸的和（包括板缝）可能与房间的净宽（或净进深）尺寸间出现小于一个板宽的空隙。此时可采用以下方法解决：

①调整板缝宽度 一般板缝宽为 10mm，必要时可把板缝加大到 20mm 或更宽。但当超过 20mm 时，板缝内应经过计算配筋、支模板并用 C20 以上的细石混凝土浇筑板缝。

②挑砖 由平行于板长边的墙，砌挑出长度不超过 120mm、与板上下表面平齐的挑砖，以此来调整板缝。由于这种方法浪费工时，故应用较少。

③交替采用不同宽度的板 通过计算，选择不同规格的板进行组合，来填充宽度大于 300mm 的空隙。

④采用拼缝板 制作相应数量（经计算）的宽度为 400mm 的拼缝板，用以调整板的空隙。

⑤现浇板带 将板缝大于 150mm 时，板缝内根据板的配筋

而设置钢筋，做成现浇板带。现浇板带可调整任意宽度的板缝，加强了板与板之间的连接关系，应用得较多。

第四节　房屋建筑的主要结构——门窗、楼梯和电梯

一、门窗

（一）门

1. 门的作用

（1）交通联系　是人们进出室内外和各房间的必须经过的通行口。

（2）出入疏散　是人们当遇有火灾、地震等紧急情况时，必须经过门尽快离开危险地带，即起到安全疏散的作用。

（3）围护作用　是房间保温、隔声及防止自然界各种不利因素侵袭的重要围护构件。

（4）通风、采光　门上设有小玻璃窗（亮子），半截玻璃门、全玻璃门可用作房间的辅助采光，门还可以与窗组织自然通风。

（5）防火防盗　对安全有特殊要求的房间，要安装由金属制成、经公安部门检查合格的专用防盗门，以确保安全。防火门用阻燃材料制成，能阻止火势的蔓延。

（6）美观之感　门是建筑入口的重要组成部分，所以门设计的好坏直接影响着建筑物的立面效果。

2. 门的分类　按所用的材料的不同可分为木门、钢门、铝合金门、塑钢门、钢筋混凝土门、钢木混合门、玻璃钢门、无框玻璃门等。

按开启方式的不同可分为平开门、推拉门、弹簧门、旋转门、折叠门、卷帘门、翻板门等，如图 1-37 所示。

(1)平开门 有内开和外开、单扇和双扇之分。其构造简单,开启灵活、密封性能好,制作和安装较方便,但开启时占用空间较大。

(2)推拉门 分单扇和双扇,能左右推拉且不占空间,但密封性能较差,可手动和自动。自动推拉门多用于办公、商业等公共建筑。

(3)弹簧门 多用于人流多的出入口。开启后可自动关闭,密封性能差。

(4)旋转门 由4扇门相互垂直组成十字形,绕中竖轴旋转的门。其密封性能好,保温、隔热好,卫生方便。多用于宾馆、饭店、公寓等大型公共建筑。

(5)折叠门 多用于尺寸较大的洞口。开启后门扇相互折叠,占用空间较少。

(6)卷帘门 有手动和自动、正卷和反卷之分。开启时不占用空间。

(7)翻板门 外表平整,不占空间。多用于仓库、车库。

另外,门按所在位置不同又可以分为内门和外门。

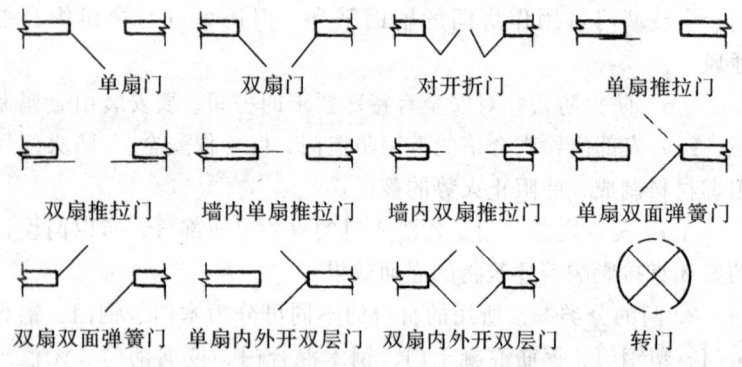

图1-37 各种开启方式的门

3.门的构造

(1)门的尺寸 门洞口宽度和高度尺寸是由人体平均高度、

搬运物体（如家具、设备）尺寸、人流股数、人流量来确定的。门的高度一般以300mm为模量（即模数），特殊情况可以100mm为模量。门的高度一般为2 000、2 100、2 200、2 400、2 700、3 000、3300（均为mm）等。当门高超过2 200mm时，门上方应设亮子。门宽一般以100mm为模量，当门宽大于1 200mm时，以300mm为模量。单扇门的宽度一般为800～1 000mm，辅助用门的宽度为700～800mm。门宽为1 200～1 800mm时可做成双扇门，门宽为2 400mm时，做成四扇门。

（2）平开木门的组成与构造 平开木门是建筑中最常用的一种门。它主要是由门框、门扇、亮子、五金零件等组成，如图1-38所示。

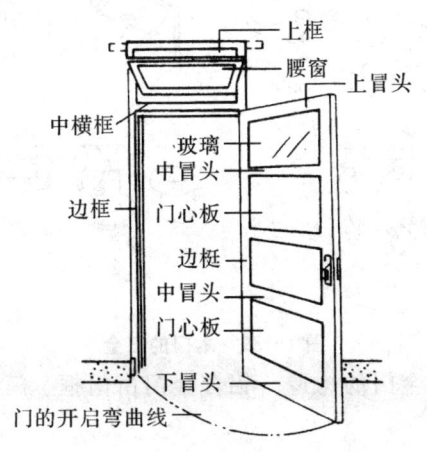

图1-38 平开木门的组成

①门框 门框主要由上框、边框、中横框（有亮子时加设）、中竖框（三扇以上时加设）、门槛（一般不设）等榫（sǔn）接而成。不设门槛时，在门框下端应设临时固定拉条，待门框固定后取消。门框安装分为立口和塞口两种。

②门扇 门的名称一般以门扇所选的材料和构造来命名，民用建筑中常见的有夹板门、镶板门、拼板门、百叶门等形式。

③五金零件及附件　平开木门上常用的五金有合页、拉手、插销、门锁、铁三角、门碰头等。五金零件与木门间采用木螺钉固定,如图1-39所示。其中图1-39(a)为门把手和把手门锁,图1-39(b)为各类闭门器,图1-39(c)为门碰头。门的附件主要有木质贴面板、筒子板等。

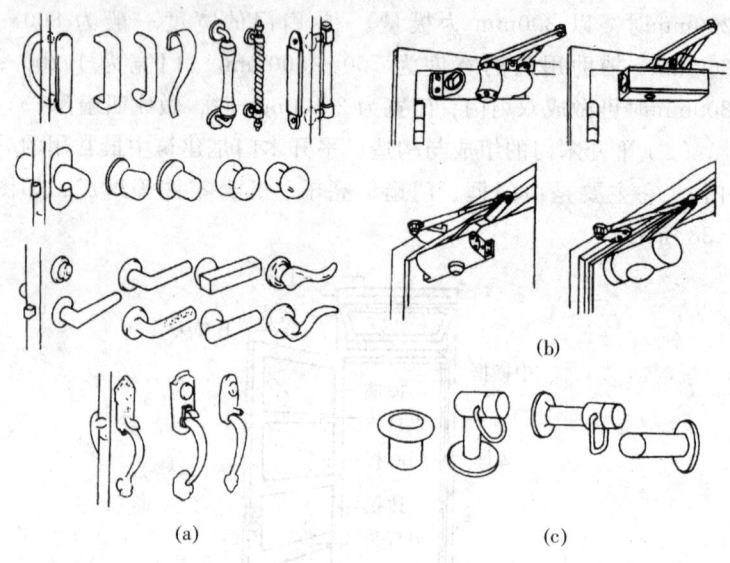

图1-39　木门的五金

（3）铝合金门的构造　铝合金门由门框、门扇及五金零件组成。

（4）钢门的构造　钢门是由门框和门扇组成。分为钢框木门和钢框钢门两类。钢框木门自重轻,开启灵活,保温、隔声,施工简单,但坚固耐久性差。钢框钢门坚固耐久,但门扇自重大,容易下沉,开启费力,保温性能差。

（二）窗

1. 窗的作用

（1）采光　各类房间都需要一定的光照度。所以要合理设置窗来满足各类房间的采光要求。

（2）通风、调节温度　窗可自然通风，使室内空气清新。同时在炎热夏季还可以起到调节室内温度的作用。

（3）观察、传递　通过窗可以观察室外的情况和传递信息，有时还可以传递小物品，如售票、售物、取药等。

（4）围护　在冬季关闭窗时，可以起到减少热量散失，还可避免风、雨、雪的侵袭，以及防盗等作用。

（5）装饰　窗对装饰建筑起到至关重要的作用。如窗的形状、大小、数量多少、疏密、色彩、材质等直接影响着建筑的风格。

2. 窗的分类

（1）按所使用的材料划分　可分为木窗、钢窗、铝合金窗、塑钢窗、玻璃钢窗等。

①木窗　是用松、杉木制作而成，具有制作简单、经济、密封性和保温性能好等优点；但相对透光面积小，防火性能差，耗用木材，耐久性能低，易变形、易损坏等。

②钢窗　是由型钢经焊接而成的。钢窗与木窗相比较，具有坚固、不易变形、透光率大、防火性能高、便于拼接组合等优点。但密封性能差，保温性能低，耐久性差，易生锈，维修费用高。

③铝合金窗　是由铝合金型材用拼接件装配而成，具有质轻强度高、美观又耐久、耐腐蚀性较好、刚度大、变形小、开启方便等优点，但成本较高。

④塑钢窗　是由塑钢型材拼接而成，具有密封性能好、保温、隔热、隔声、表面光洁、便于开启等优点，但成本较高。

⑤玻璃钢窗　是由玻璃钢型材装配而成，具有耐腐蚀性高、重量轻等优点，但表面粗糙度较大，通常用于化工类工业建筑。

（2）按窗的开启方式划分　可分为平开窗、推拉窗、悬窗、立转窗、固定窗等，如图1—40所示。

①平开窗　有内开、外开之分，结构简单、制作、安装、维修、开启等都比较方便，是应用广泛的一种。

②推拉窗　窗扇沿导轨槽可左右推拉，上下推拉，不占空间，但

通风面积小,目前铝合金窗和塑钢窗普遍采用这一种开启方式。

③悬窗　依旋转轴的位置不同分为上悬窗、中悬窗和下悬窗3种。为防雨水飘入室内,上悬窗必须向外开启;中悬窗上半部内开,下半部外开,有利通风,开启方便,适用于高窗;下悬窗一般都内开,不防雨,不能用于外窗。

④立转窗　窗扇可以绕竖向轴转动,竖轴可设在窗扇中心,也可稍偏于窗扇一侧,通风效果较好。

⑤固定窗　仅用于采光、观察和围护。

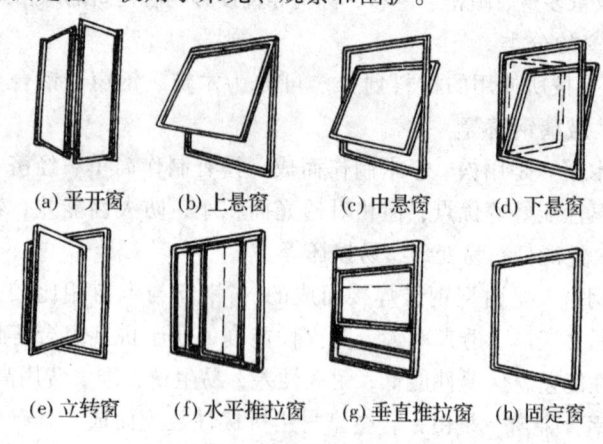

图 1-40　窗的开启方式

3. 窗的构造

(1) 窗的尺寸　窗的尺寸大小由建筑的采光要求和通风要求来确定,同时要综合考虑建筑的造型及模量等。一般先根据房屋的使用性质确定采光等级(分Ⅰ~Ⅴ级,Ⅰ级最高,Ⅴ级最低),再根据采光等级确定具体采光系数。不同房间根据使用功能的要求,有不同的采光系数,如居住房间为1/10~1/8、教室为1/5~1/4、会议室为1/8~1/5、医院手术室为1/2、走廊和楼梯间等为1/10以下。窗的基本尺寸一般以300mm为模量,居住建筑可以100mm为模量。常见窗的宽度有:600mm、1 000mm、1 200mm、1 500mm、1 800mm、2 100mm、2 400mm、3 000mm、3 300mm、

3 600mm等。常见窗的高度有：600mm、900mm、1 200mm、1 500mm、1 600mm、1 800mm、2 100mm、2 400mm、2 700mm等，一般窗的高度超过1 500mm时，窗的上部要设亮子。

（2）平开木窗的构造 平开木窗主要是由窗框、窗扇、五金零件等组成，如图1－41所示。

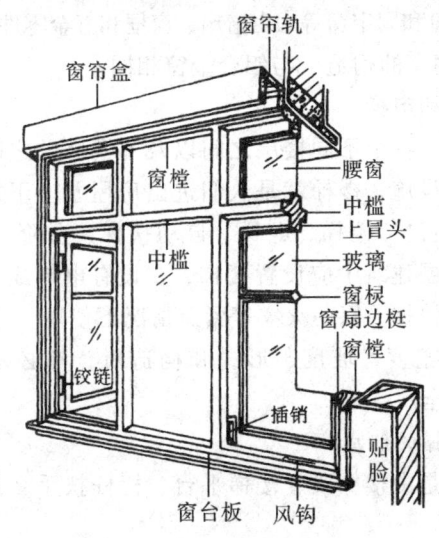

图1－41 木窗的组成

①窗框 窗框是由边框、上框、下框、中横框、中竖框等榫接而成。若有亮子，应设有中横框，若有三扇以上的窗扇，应加设中竖框。窗框的安装方式有两种：一是立口，即先立窗框，后砌筑窗间墙，窗上下框两侧伸出长度120mm（俗称羊角）压砌到墙内；二是塞口，即在砌墙时，先留出比窗框四周大的洞口，墙体砌筑完毕后将窗框塞入。

②窗扇 是由边梃、上、下冒头、窗棂等榫接而成，它们的厚度一致（一般为35～42mm），扇料断面与窗扇的规格尺寸和玻璃厚度有关。

③五金零件 平开木窗上常用的五金零件有：合页、拉手、

风钩、插销、铁三角等。五金零件均用相应大小的木螺钉固定在窗框或窗扇上。

（3）钢窗的构造　钢窗有实腹和空腹两种。钢窗是由窗框、窗扇和五金零件组成。

（4）推拉式铝合金窗的构造　铝合金窗的开启方式有平开窗、推拉窗、立转窗和固定窗等，由窗扇、窗框和五金零件组成。

（5）塑钢窗的构造　与铝合金窗相同。

二、楼梯和电梯

在建筑中，各个不同楼层之间以及不同高差之间的房间需要有垂直的交通设施，楼梯就是人们进出房屋及上下楼层之间的通道。这些设施包括楼梯、电梯、自动扶梯、台阶、坡道等。在不设电梯的多层建筑中应设置楼梯，在设有电梯或自动扶梯的建筑中也应设置楼梯，以备火灾等紧急情况下使用。因此，在确定楼梯的位置、宽度、坡度、形式和构造时，都必须保证使用方便、坚固、安全。

（一）楼梯的组成

楼梯主要是由楼梯段、楼梯平台、栏杆扶手3部分组成，如图1-42所示。

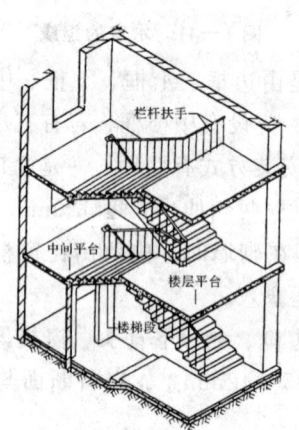

图1-42　楼梯的组成

1. 楼梯段　设有踏步供建筑物楼层之间上下行走的通道段落就称为楼梯段。踏步又分为踏面（供行走时脚踏的水平部分）和踢面（形成踏步高差的垂直部分），踏步尺寸决定了楼梯的坡度。为了减轻疲劳，梯段的踏步级数一般不宜超过 18 级，但最少也不能少于 3 级。

2. 楼梯平台　楼梯平台是指连接两梯段之间的水平部分。平台可用来供楼梯转折、连通某个楼层或供使用者在攀登了一定距离后，稍作停留休息的地方。与楼层标高相一致的平台称之为楼层平台，介于两个楼层之间的平台称之为中间平台或休息平台。

3. 栏杆扶手　栏杆是布置在楼梯段和平台边缘处有一定安全保障作用的围护构件。栏杆或栏板顶部供人们行走倚扶用的连续构件，就是扶手。楼梯段应至少在一侧设扶手，楼梯段宽达三股人流（1 650mm）时应两侧设扶手，达四股人流（2 200mm）时应加设中间扶手。扶手也可设在墙上，称为靠墙扶手。

（二）楼梯的种类

按使用性能可分为踏步楼梯和电梯两大类。

1. 踏步楼梯　按楼梯的结构和材料分有木楼梯、钢筋混凝土楼梯和钢楼梯 3 种。钢筋混凝土楼梯因其坚固耐久和防火，故使用最为普遍。

按楼梯设置的位置又可分为室外楼梯和室内楼梯。

2. 电梯　电梯的设置主要是为了上下楼方便省力和节省时间。尤其是高层建筑和超高层建筑，更需要设置电梯，即垂直升降楼梯。

另外，在有些低层建筑或相邻两层之间，因室内空间庞大，客流量又大，故又设置了一种坡形台阶式传送电梯，即自动扶梯。多用于大型商场、候机室、火车站或汽车站的候车室等。

（三）楼梯的类型

1. 按楼梯的形式划分

（1）直跑式楼梯　直跑式楼梯是指沿着一个方向上楼的楼

梯。有单跑和双跑之分。

①直行单跑楼梯　这种直跑楼梯中间没有休息平台，由于单跑梯段的踏步数基本不超过18级，故主要用于层高不大的建筑中，如图1-43（a）所示。

②直行双跑楼梯　直行双跑楼梯增加了中间休息平台，一般都是双跑梯段，适合于层高较大的建筑。直行双跑楼梯给人以直接顺畅的感觉，导向性强，在公共建筑中常用于人流较多的大厅，图1-43（b）所示为直行双跑楼梯。

（2）平行双跑楼梯　指第二跑楼梯段折回和第一跑楼梯段平行的楼梯。这种楼梯所占的楼梯间长度较小，布置紧凑，使用方便，是建筑物中较多采用的一种楼梯形式，如图1-43（c）所示。

（3）平行双分、双合楼梯

①合上双分式　楼梯第一跑在中间，为一较宽梯段，经过休息平台后，向两边分为两跑，各以第一跑一半的梯宽上至楼层。通常在人流多，楼梯宽度较大时采用。由于其造型对称严谨，过去常用作办公类建筑的主要楼梯，如图1-43（d）所示。

②分上双合式　楼梯第一跑为两个平行的较窄的梯段，经过休息平台后，合成一个宽度为第一跑两个梯段宽之和的梯段上至楼层，如图1-43（e）所示。

（4）折行多跑楼梯

①折行双跑楼梯　指第二跑与第一跑梯段之间成90°或其他角度，适宜于布置在靠房间一侧的转角处，多用于仅上层楼面的影剧院等建筑中，如图1-43（f）所示。

②折行多跑楼梯　指楼梯段数较多的折行楼梯，如折行三跑楼梯、四跑楼梯等。折行多跑式楼梯围绕的中间部分形成较大的楼梯井，因此不宜用于幼儿园、中小学等建筑中的楼梯。在有电梯的建筑中，常在楼梯井部位布置电梯，图1-43（g）、（h）所示的是折行三跑楼梯。

（5）交叉、剪刀楼梯

①交叉楼梯　可视为是由两个直行单跑楼梯交叉并列而成。交叉楼梯通行的人流量大，且为上下楼层的人流提供了两个方向，但仅适于高层的建筑，适于高层建筑消防要求，设置两部楼梯设置如图1－43（i）所示。

②剪刀楼梯　相当于两个双跑式楼梯对接。适用于层高较大且有人流多向性选择要求的建筑物，如商场、多层食堂等，如图1－43（j）所示。

（6）螺旋形楼梯　螺旋形楼梯平面呈扇形，平台与踏步均呈扇形平面，踏步内侧宽度小，行走不安全，如图1－43（k）所示。这种楼梯不能作为主要人流交通和疏散楼梯，但由于其造型美观，常作为建筑小品布置在庭院或室内。

（7）弧形楼梯　弧形楼梯与螺旋楼梯不同之处在于它围绕一个较大的轴心空间旋转，且仅为一段弧环。其扇形踏步内侧宽度较大，坡度较缓，可以用来通行较多人流，如图1－43（l）所示。一般布置于公共建筑的门厅，具有明显的导向性和优美、轻盈的造型。

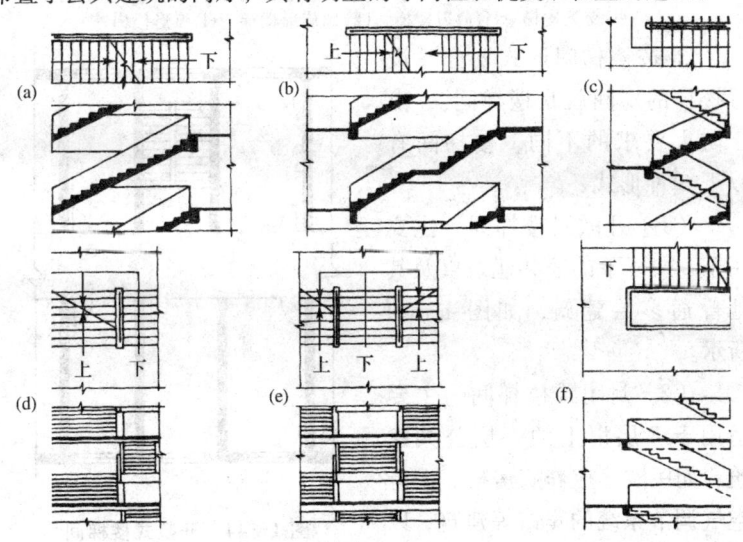

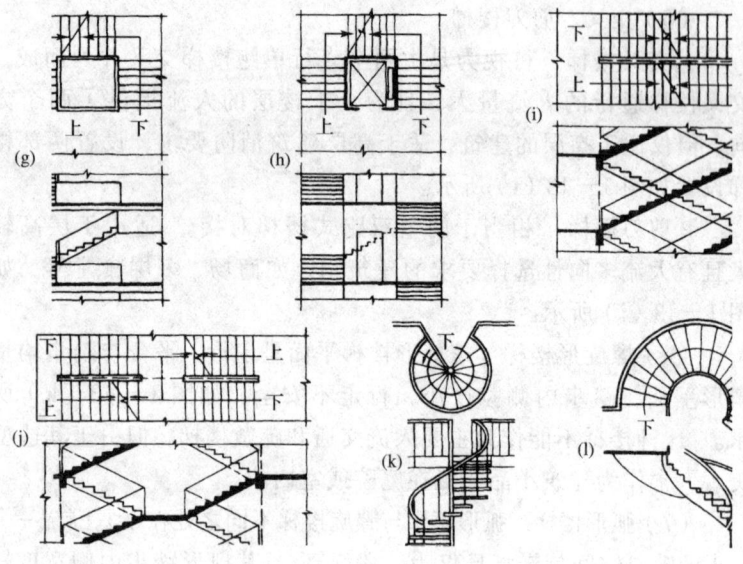

图1-43　楼梯的形式

(a)直行单跑楼梯　(b)直行双跑楼梯　(c)平行双跑楼梯　(d)合上双分式楼梯
(e)分上双合式楼梯　(f)折行双跑楼梯　(g)折行三跑楼梯　(h)折行四跑楼梯
(i)交叉楼梯　(j)剪刀楼梯　(k)螺旋形楼梯　(l)弧形楼梯

2. 按楼梯间形式划分　设置楼梯的房间就是楼梯间。由于防火要求的不同，楼梯间有以下3种形式：

（1）开敞式楼梯间　主要用于5层以下的公共建筑以及其他普通多层建筑，如图1-44所示。

（2）封闭式楼梯间　主要适用于5层以上的多层公共建筑，如医院、疗养病房楼、设有空气调节系统的宾馆等建筑，以

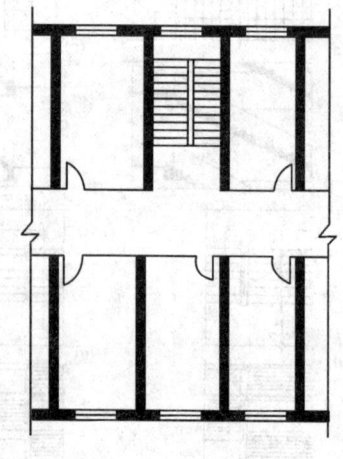

图1-44　开敞式楼梯间

及高层建筑中24m以下的裙房和除单元式、通廊式住宅外的建筑,且高度不超过32m的二类高层建筑以及部分高层住宅。其设计要求为:①楼梯间应靠近外墙并应有直接采光和通风。当不能直接采光和自然通风时,应按防烟楼梯间规定设置。②楼梯间应设乙级防火门,并应向疏散方向开启,如图1-45(a)所示。③楼梯间的首层紧接主要出口时,可将走道和门厅等包括在楼梯间内,形成扩大的封闭楼梯间,但应采用乙级防火门等防火措施与其他走道和房间隔开,如图1-45(b)所示。

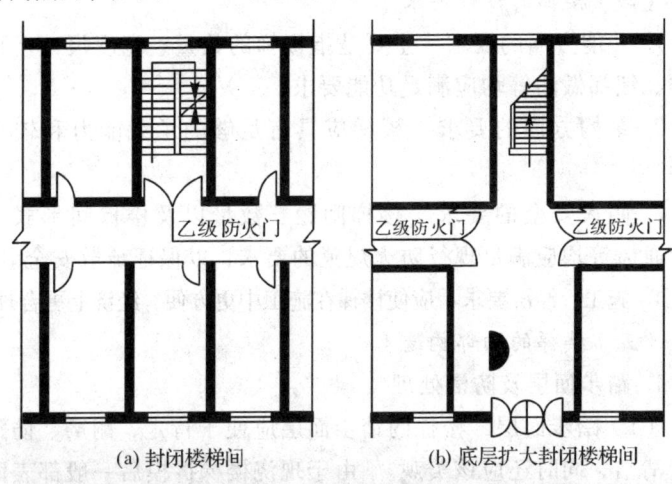

图1-45 封闭楼梯间

(3)防烟楼梯间 对于一类高层建筑和除单元式和通廊式住宅外的建筑,其高度超过32m的二类高层建筑以及塔式高层住宅,均应设置防烟楼梯间,如图1-46所示。其设计要求为:①楼梯间入口处应设前室、阳台或凹廊。②前室的面积:公共建筑不应小于6m²,居住建筑不应小于4.5m²。③前室和楼梯间的门,均应为乙级防火门,并应向疏散方向开启。④其前室和楼梯间应有自然排烟或机械加压送风的防烟设施。

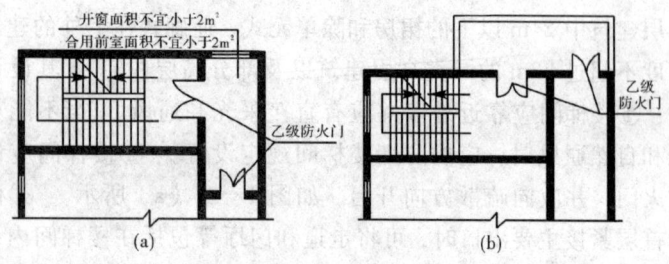

图 1-46 防烟楼梯间

(四)楼梯的设计要求

1. 功能方面的要求 主要是指楼梯的数量、宽度尺寸、平面式样、细部做法等均应满足功能要求。

2. 结构方面的要求 楼梯应具有足够的承载能力和较小的变形。

3. 防火安全的要求 楼梯间距、数量以及楼梯间形式、采光、通风等均应满足现行防火规范的要求,以保证疏散安全。

4. 施工、经济要求 应使楼梯在施工中更方便,经济上更合理。

(五)楼梯的细部构造

1. 踏步面层及防滑处理

(1)踏步面层 楼梯的踏步面层应便于行走,耐磨、防滑,便于清洁,同时还应该美观。由于现浇楼梯拆模后一般都表面粗糙,不仅影响美观,而且也不便于行走,因此需要做面层。踏步面层的材料,视装修的要求而定,一般与门厅或走道的楼地面面层材料一致,常用的材料有水泥砂浆、水磨石、大理石、地砖或缸砖等,如图 1-47 所示。

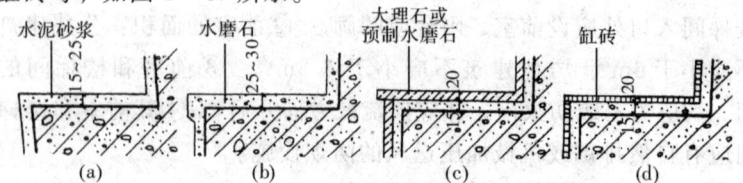

图 1-47 踏步面层构造(mm)

（2）防滑处理　人流量大或踏步表面光滑的楼梯，为防止在行走时被滑倒，踏步表面应采取防滑和耐磨措施，一般是在踏口处做出防滑条。其材料可采用铁屑水泥、金刚砂、塑料条、橡胶条、金属条、马赛克等。最简单的是做踏步面层时，留出两三道凹槽，但使用中易被灰尘填满，影响防滑效果并易破损。防滑条或防滑凹槽长度一般按踏步长度每边减去150mm，还可采用缸砖、铸铁等做防火包口。标准较高的建筑，可铺地毯或防滑塑料或橡胶贴面，这种处理，有一定的弹性，行走时有柔软舒适感。踏步的防滑处理如图1－48所示。

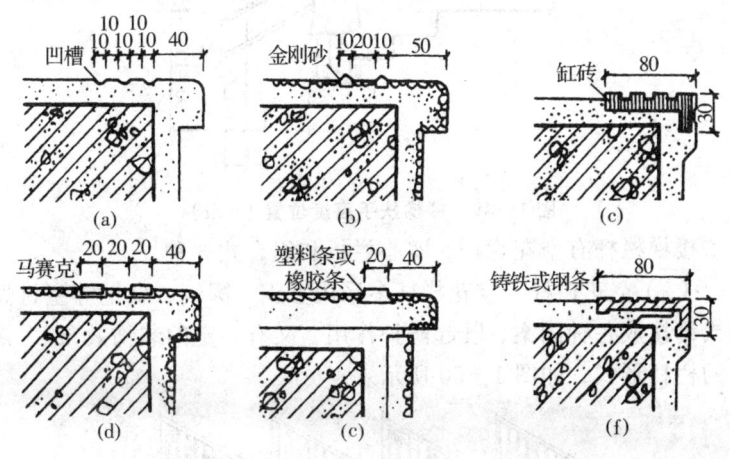

图1－48　踏步防滑处理（mm）
(a)防滑凹槽　(b)金刚砂防滑条　(c)缸砖包口贴
(d)马赛克防滑条　(e)嵌橡皮防滑条　(f)铸铁包口

2. 栏杆、栏板和扶手的构造　楼梯的栏杆（或栏板）和扶手是上下楼梯的安全措施，也是建筑中装饰性较强的构件。扶手高度是指踏面宽度的中点到扶手面间的竖向高度，一般高度为900mm；供儿童使用的高度为600mm，如图1－49所示。

室外楼梯的栏杆扶手高度应不小于1 100mm。在儿童活动的场所，如幼儿园、住宅等建筑，为防止儿童穿过栏杆空档发生危险事故，栏杆垂直的杆件间的净距不应大于110mm，且不能采取易于攀登的花饰。栏杆、扶手在设计、施工时应考虑坚固、安全、实用、美观。

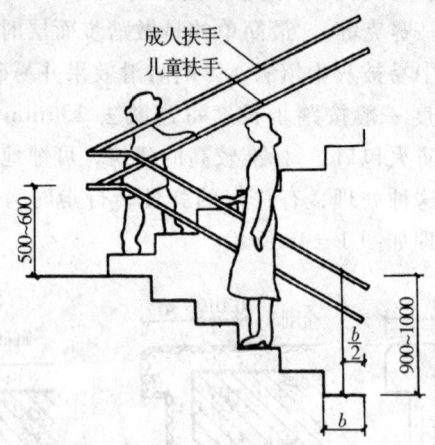

图1-49 楼梯扶手高度位置（mm）

楼梯栏杆有空花栏杆、实心栏板和组合式3种。

（1）空花栏杆 空花栏杆多采用方钢、圆钢、扁钢等型材焊接或铆接成各种图案，既起防护作用，又有一定的装饰效果。常见的栏杆形式，如图1-50所示。

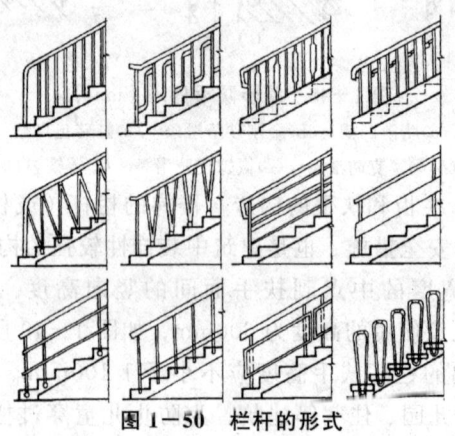

图1-50 栏杆的形式

栏杆与楼梯段应有可靠的连接，其连接方法主要有3种：

①预埋铁件焊接　将栏杆的立杆与楼梯段中预埋的钢板或套管焊接在一起，如图1—51（a）、（f）所示。

②预留孔洞插接　将栏杆的立杆端部做成开脚或倒刺插入楼梯段预留的孔洞，用水泥砂浆或细豆石混凝土填实，如图1—51（b）、（c）所示。

③螺栓连接　用螺栓将栏杆固定在梯段之上，固定方法有若干种，如用板底螺母栓紧贯穿踏板的栏杆等，如图1—51（d）、（e）所示。

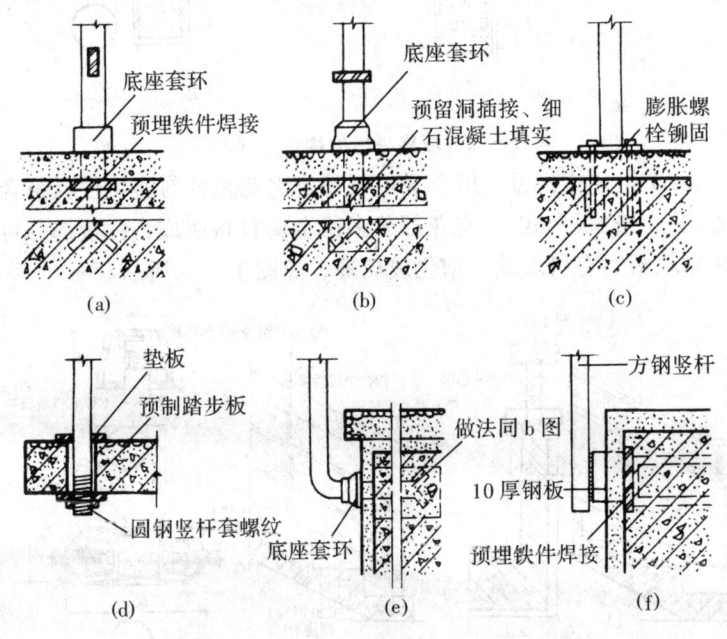

图1—51　栏杆与梯段的连接（mm）
(a)预埋件焊接　(b)预留洞插接　(c)膨胀螺栓连接
(d)螺栓连接　(e)预留洞插接　(f)预埋件焊接

（2）实心栏板　实心栏板多由钢筋混凝土、加筋砖砌体、有机玻璃、钢化玻璃等制作。砖砌栏杆，当栏板厚度为60mm（即标准砖侧砌）时，外侧要用钢筋网加固，再用钢筋混凝土扶手与栏板连成整体，如图1－52（a）所示。现浇钢筋混凝土楼梯栏板经支模、扎筋后，与楼梯段整浇，如图1－52（b）所示。

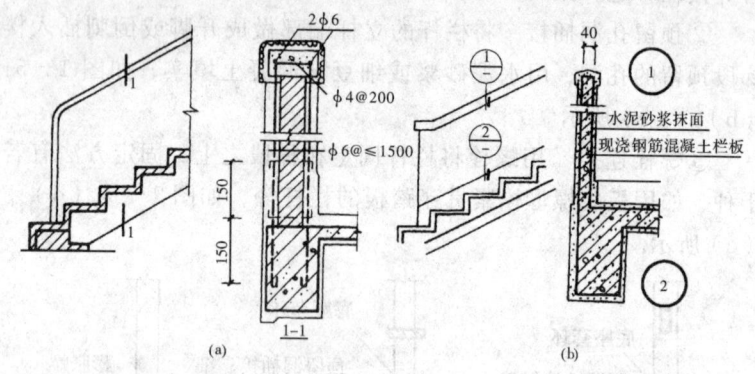

图1－52　楼梯栏板的构造（mm）

（3）组合式栏板　组合式栏板是将空花栏杆与实体栏板组合而成的一种栏板形式。空花部分多用金属材料制成，栏板部分可用砖砌栏板、有机玻璃、钢化玻璃等，如图1－53所示。

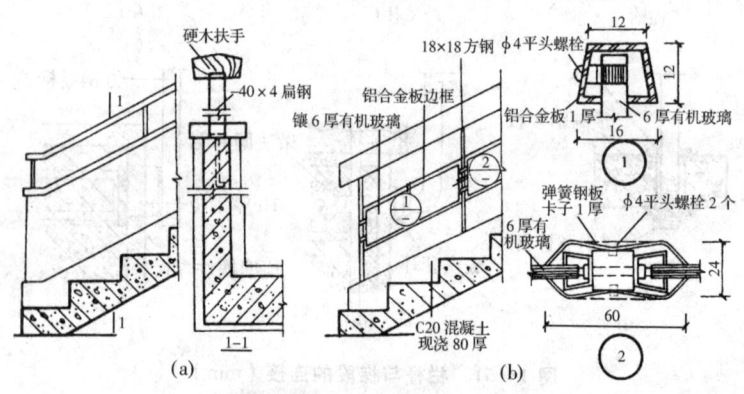

图1－53　组合式栏杆（mm）

（4）扶手构造　扶手位于栏杆的顶部，一般采用硬木、塑料和金属材料制作。其中硬木扶手常用于室内楼梯，金属和塑料扶手常用于室外楼梯。楼梯扶手与栏杆应有可靠的连接，连接的方法视扶手材料而定。 楼梯扶手有时必须固定在侧面的砖墙或混凝土柱上，如顶层安全栏杆扶手、休息平台护窗扶手、靠墙扶手等。 其方法有：一般在墙或柱上预埋铁件，与扶手铁件焊接；也可用膨胀螺栓连接，或预留孔洞插接等，如图1－54所示。

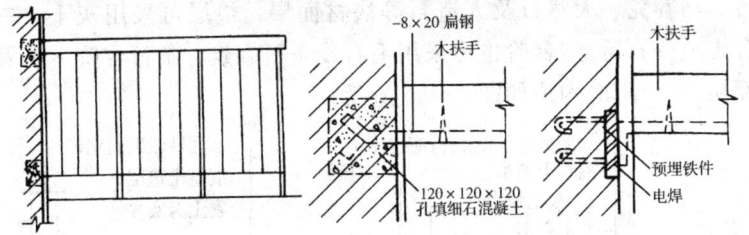

图1－54 扶手与墙、柱的连接构造（mm）

（六）室外台阶与坡道

建筑物入口处室内外不同标高地面的交通联系，一般多采用台阶；当有车辆通行、室内外地面高差较小或有特殊要求时，可采用坡道。 台阶和坡道在入口处，对建筑物的立面具有一定的装饰作用，所以设计时既要考虑其实用，还要考虑其美观性。

1. 台阶　台阶由踏步和平台两部分组成。 台阶的坡度要小于楼梯的坡度，通常踏步高度为100～150mm，踏步宽度为300～400mm。 平台位于出入口与踏步之间，起缓冲和疏松的作用。 平台深度一般不小于900mm，为防止雨水积聚或溢水，平台表面应比室内地面低20～60mm，并向外找坡1%～3%，以利排水。 其形式如图1－55所示。

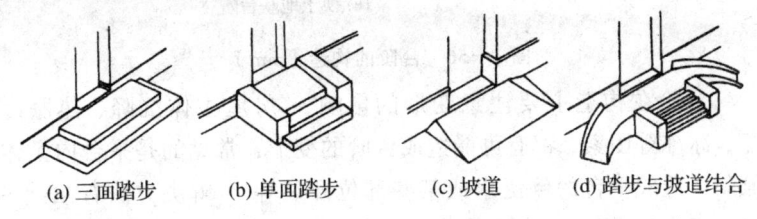

(a) 三面踏步　(b) 单面踏步　(c) 坡道　(d) 踏步与坡道结合

图1－55　台阶与坡道的形式（mm）

室外台阶应坚固耐磨，具有较好的耐久性、抗冻性和抗水性。其构造层次为面层、结构层、垫层。按结构层材料不同，有混凝土台阶、石台阶、钢筋混凝土台阶、砖台阶等。其中混凝土台阶应用最普遍。台阶面层可采用水泥砂浆、水磨石面层或缸砖、马赛克、天然石及人造石等块材面层，垫层可采用灰土、三合土或碎石等。台阶也可采用毛石或条石砌筑，条石台阶不需做面层。台阶的构造如图1-56所示。

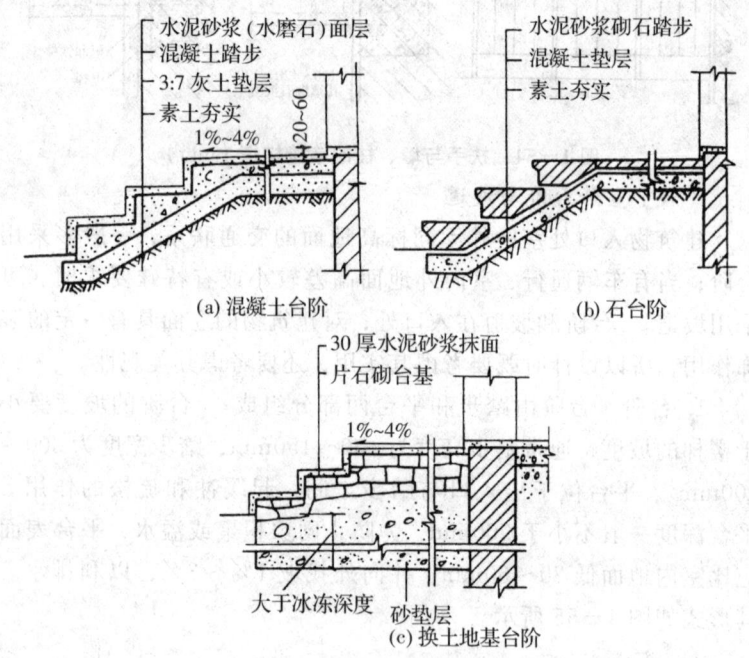

图1-56 台阶的构造（mm）

台阶在构造上要注意变形的影响。房屋主体沉降、热胀冷缩、冰冻等因素，都有可能造成台阶的变形，常见的是平台向主体倾斜，造成平台的倒泛水或某些部位开裂等。解决方法有二：一是加强房屋主体与台阶之间的联系，以形成整体沉降；二是将台阶和主体完全断开，加强缝隙节点处理，如图1-57（a）所示。在严寒地区，若台阶地基为冻胀土如黏土、亚黏土，则容易使台阶出现开裂等破坏，对于实铺的台阶，为保证其稳定，可以采用换土法，自冰冻线以下至所需标高换上保水性差的炸渣砂、石类土或混凝土做垫层，以减少冰冻影响，如图1-57（b）所示。

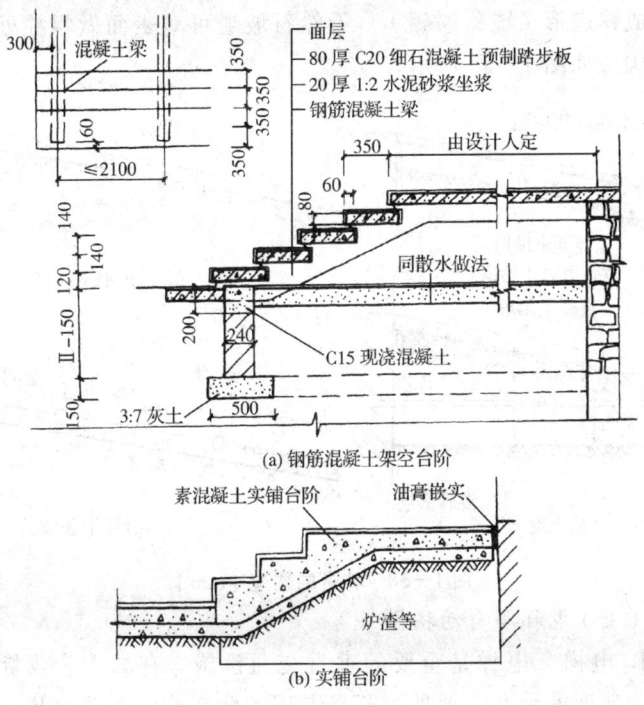

图1-57 台阶变形处理（mm）

2. 坡道 坡道多为单面形式，坡道的坡度与使用要求、面层材料和做法有关。坡道的坡度一般为1/12～1/6。面层光滑的坡道，坡度不宜大于1/10；粗糙材料和建设防滑条的坡道，坡度可稍大，但不应大于1/6；锯齿形坡道的坡度可加大至1/4。坡度为1/10的坡道较为舒适。对于残疾人通行的坡道，其坡度不大于1/12，同时还规定与之相匹配的每段坡道的最大高度为750mm，最大水平距离为9 000mm。

坡道与台阶一样，也应采用耐久、耐磨和抗冻性好的材料，一般多采用混凝土坡道，也可采用天然石坡道等。坡道的构造要求和做法与台阶相似，也要注意变形的处理。但由于坡道平缓，故对防滑要求较高，大于1/8的坡道需做防滑设施，可设防滑条，或做成锯齿形（统称礓䃰）；天然石坡道可对表面做粗糙处理。坡道构造如图1-58所示。

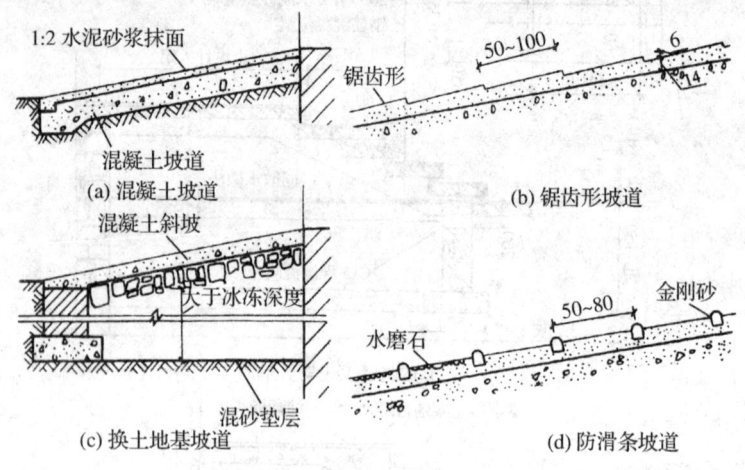

图1-58 坡道的构造（mm）

（七）电梯与自动扶梯

1. 电梯 电梯是重要的垂直交通设施，有载人、载货两大类，除普通的乘客电梯外，还有专用的病床梯、消防电梯、观光电梯等。图1-59所示的是不同类型的电梯平面示意图。

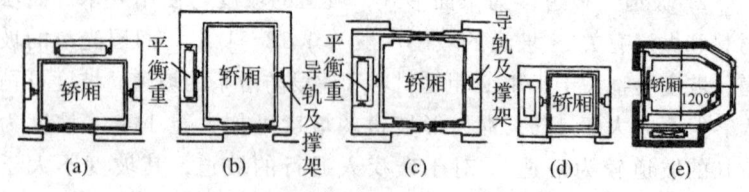

图1-59 电梯类型与井道平面
(a)客梯（双扇推拉门） (b)病床梯（双扇推拉门）
(c)货梯（中分双扇推拉门） (d)小型杂物梯 (e)观光电梯

电梯设备主要包括轿厢、平衡重以及它们各自的垂直轨道与支架、提升机械和一些相关的其他设施，在土建方面与之配合的设施为电梯井道、机房和地坑等。

（1）电梯井道　电梯井道是电梯运行的通道，内部安装有轿厢、导轨、平衡重、缓冲器等，如图1-60所示。电梯井道要求必须保证所需要的垂直度和规定的内径，一般高层建筑的电梯井道都采用整体现浇式，与其他交通枢纽一起形成内核。多层建筑的电梯井道除了现浇外，也有采取框架结构的，在这种情况下，电梯井道内壁可能会有突出物，这时，应将井道的内径适当放大，以保证设备安装及运行不受妨碍。

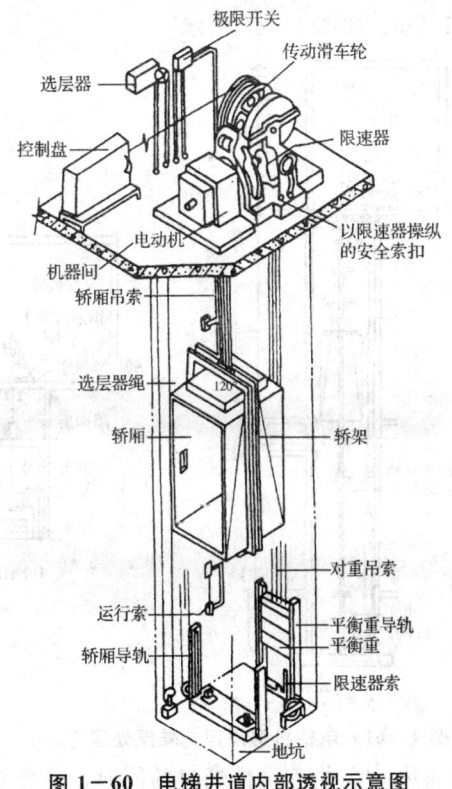

图1-60　电梯井道内部透视示意图

①井道的防火　井道是高层建筑穿通各层的垂直通道，火灾事故中火焰及烟气很容易从中蔓延串通。因此井道的围护构件应根据有关防火规定进行设计，多采用钢筋混凝土墙。井道内严禁铺设可燃气、液体管道；消防电梯的电梯井道及机房与相邻的电梯井道及机房之间应用耐火极限不低于 2.5h 的隔墙隔开；高层建筑的电梯井道内，超过两部电梯时都应该用墙隔开。

②井道隔声、隔振　为了减轻机器运行时对建筑物产生振动和噪声，应采取适当的隔声和隔振措施。一般情况下，只在机房的机座下设置弹性垫层来达到隔声和隔振目的，电梯运行速度超过 1.5m/s 者，除弹性垫层外，还应在机房和井道间设隔声层，高度为 1.5～1.8m，如图 1－61 所示。

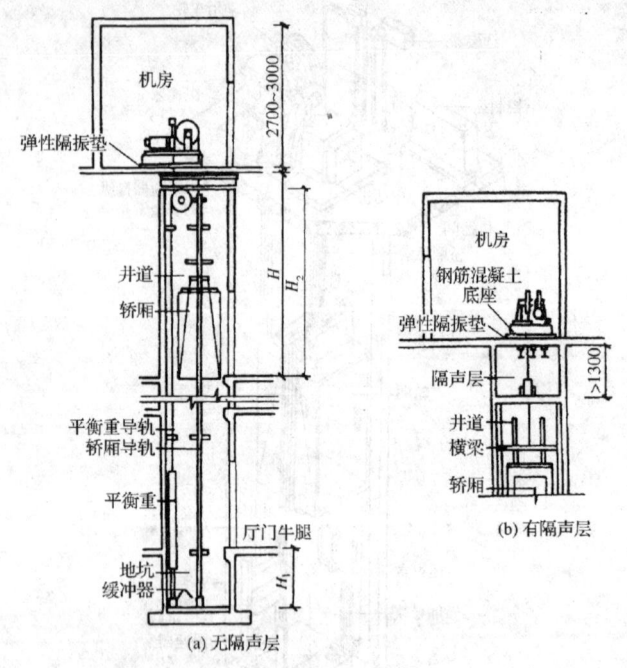

图 1－61　电梯机房隔声、隔振处理（mm）

③井道的通风　在井道设排烟口的同时，还要考虑电梯运行

中井道内的空气流动问题。一般运行速度在2m/s以上的乘客电梯，在井道的顶部和地坑，都应有不小于300mm×600mm的通风孔，上部可以和排烟口结合，排烟口面积不小于井道面积的3.5%。层数较多的建筑，中间也可酌情增加通风孔。

④井道的检修　井道内为了安装、检修和缓冲，上下均应留有必要的空间，如图1-61所示，其尺寸与运行速度有关。井道顶层高度一般为3.8～5.6m，地坑深度为1.4～3.0m。井道地坑的地面设有缓冲器，以减轻电梯轿厢停靠时与坑底的冲撞。坑底一般采用混凝土垫层，厚度按缓冲器反力确定，地坑壁及地坑底均需做防水处理。消防电梯的井道地坑还应有排水设施。为便于检修，须在坑壁设置爬梯和检修灯槽。坑底位于地下室时，宜从侧面开一检修用小门，坑内预埋件按电梯厂的要求来确定。

（2）电梯机房　电梯机房一般设置在电梯井道的顶部，少数设在顶层、底层或地下，如液压电梯的机房位于井道的底层或地下，机房尺寸须根据机械设备尺寸及管理、维修等需要来确定，可向两个方向扩大，一般至少有两个方向每边扩出600mm以上的宽度，高度多为2.5～3.5m。机房应有良好的采光和通风，其围护结构应具有一定的防火、防水和保温、隔热性能。为了更好地便于安装和检修，机房和楼板应按机器设备要求的部位预留孔洞，如图1-62所示。

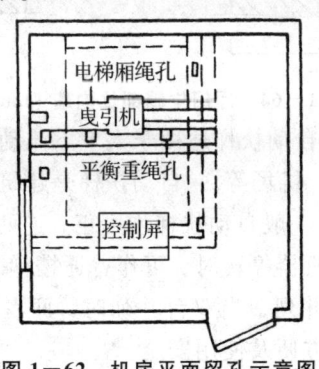

图1-62　机房平面留孔示意图

（3）电梯门套　电梯门套装修的构造做法应与电梯厅的装修统一考虑，可用水泥砂浆抹灰，水磨石或木板装修，高级的还可采用大理石或金属装修，如图1-63所示。

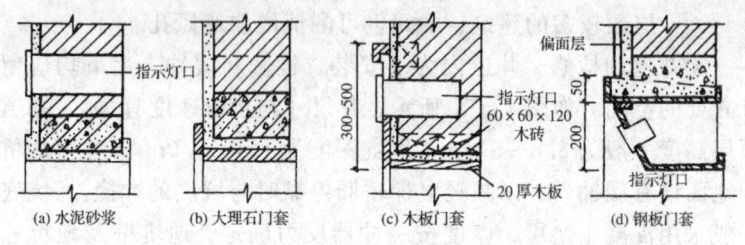

图1-63　电梯门套装修（mm）

电梯门一般都是双扇自动推拉门，其宽度为800～1500mm，有中央分开推向两边的和双扇推向同一边的两种。推拉门的滑槽通常安置在门套下楼板边梁如牛腿状挑出的部分，如图1-64所示。

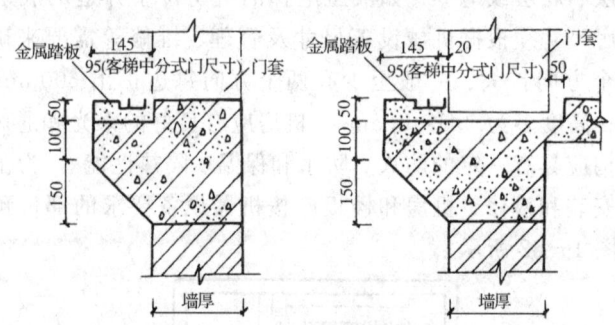

图1-64　厅门牛腿部位构造（mm）

2.自动扶梯　自动扶梯适用于人上下流动量非常大的公共场所，如商场、车站、机场等。自动扶梯是建筑物楼层间连系效率最高的载客设备。一般自动扶梯均可正、逆两个方向运行，可作提升及下降使用，机器停转时，可作普通楼梯来使用。平面布置可单台设置或双台并列，当双台并列时，两者之间应留有足够的间距，以保证装修方便及使用安全。

自动扶梯的坡度比较平缓,大多为30°左右,运行速度为0.5~0.7m/s,宽度按输送能力有单人和双人两种。自动扶梯由电动机械牵动梯段、踏步连同栏杆扶手带一起运转,机房悬挂在楼板下面,楼层下做装饰外壳处理,底层做地坑。在其机房上部自动扶梯的入口处,应做活动地板,以利检修。地坑也应做防水处理,图1-65、图1-66所示的为自动扶梯的组成及基本尺寸。

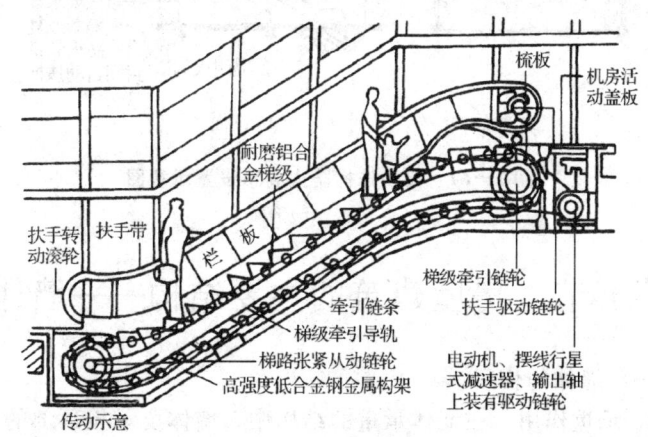

图1-65 自动扶梯的组成

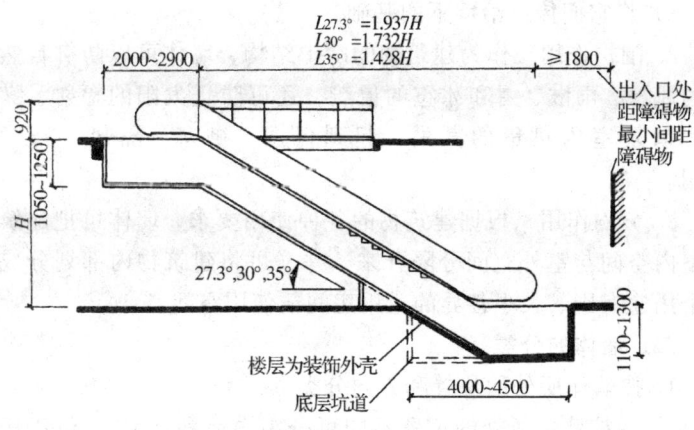

图1-66 自动扶梯的基本尺寸(mm)

建筑物设置自动扶梯，当上下层面积总和超过防火分区面积时，应按防火要求设置防火隔断或复合式防火卷帘封闭自动扶梯井，如图1-67所示。

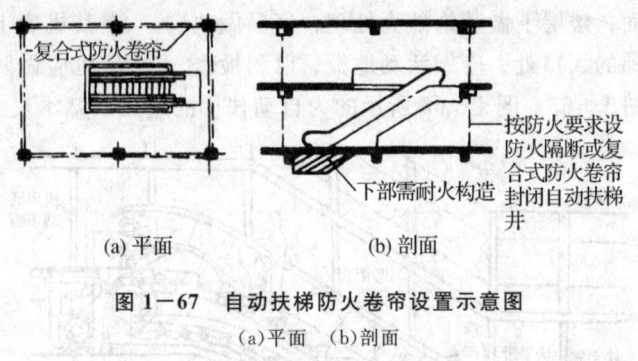

图1-67 自动扶梯防火卷帘设置示意图
(a)平面 (b)剖面

第五节 房屋建筑的主要结构——墙体

一、墙体的作用

1. 承重作用 在墙体承重的结构中，墙体要承担顶部的楼板和屋顶传递来的荷载、水平的风荷载、地震荷载以及墙体的自重等。并将它们传递给墙下的基础。

2. 围护作用 作为建筑物的围护结构，墙体可以防御自然界中的风沙、雨淋、雪和冰雹的侵袭，还可防止太阳的辐射、噪声干扰以及室内热量的散失，起到保温、御寒、隔热、隔声的作用。

3. 分隔作用 根据建筑物的各种使用要求，墙体可把建筑物的室内空间与室外空间分隔开来，并又可将建筑物内部划分成若干个用途有别、大小各异的适用房间或使用空间。

二、墙体的分类

1. 按墙体所处的位置和方向分类

（1）按墙体所处的位置不同可分为内墙和外墙。位于房屋周边的墙（即四大框）统称为外墙，起围护作用。凡是位于房屋内部的墙统称为内墙，主要是按不同用途起分隔房间作用。

（2）按墙体的方向不同分类可分为纵墙和横墙，沿建筑物长轴方向布置的墙称之为纵墙，有外纵墙和内纵墙之分；沿建筑物短轴方向布置的墙称之为横墙，并有外横墙和内横墙之分。外横墙位于房屋建筑的两端，俗称山墙。在一道墙中，窗与窗之间的墙和窗与门之间的墙均称为窗间墙，窗台下面的墙称为窗下墙。图1-68所示的就是墙体各部分的名称。

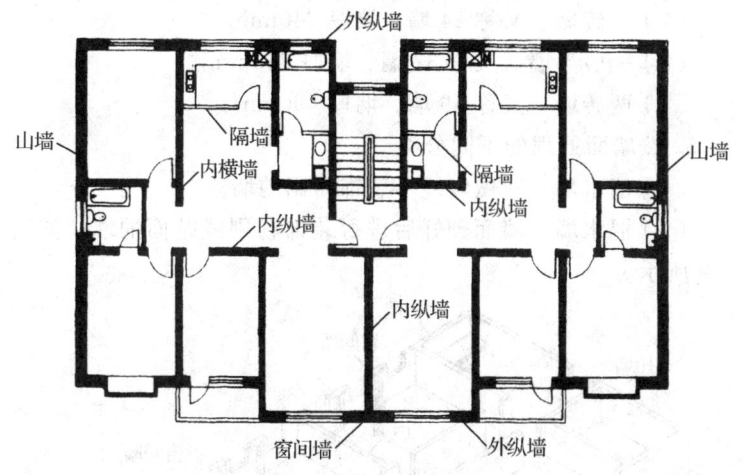

图1-68 墙体的名称

2. 按墙体受力情况的不同分类 墙体按结构受力情况分为承重墙和非承重墙。承重墙直接承担上部结构传来的荷载，非承重墙不承受上部传来的荷载。非承重墙又分为自承重墙和隔墙两种。自承重墙仅承担自身重量并将其传给基础；隔墙只起分隔房间的作用，自身重量由楼板或梁承担。框架结构中填充在柱子间的墙称为框架填充墙。悬挂在建筑物外部的轻质墙称为幕墙，其中包括金属幕墙和玻璃幕墙等。

3. 按墙体材料分类 墙体所用的材料很多，故有以下分类：

（1）用砖和砂浆砌筑的砖墙。

（2）用石块和砂浆砌筑的石墙。

（3）用土坯和黏土砂浆砌筑的墙或在模板内填充黏土，经夯实而成的土墙。

（4）现浇或预制的钢筋混凝土墙。

（5）利用工业废料制作的各种砌块砌筑而成的砌块墙。

4. 按墙体厚度不同分类　砖墙砌体按厚度的不同可分为以下几种：

（1）半砖墙　又称12墙，墙厚115mm。

（2）一砖墙　又称24墙，墙厚240mm。

（3）一砖半墙　又称37墙，墙厚365mm。

（4）两砖墙　又称49墙，墙厚490mm。

5. 按墙面处理的不同分类

（1）清水墙　只做勾缝不装饰粉刷的墙。

（2）混水墙　墙面砌好后进行装饰粉刷或贴面的墙，如图1—69所示。

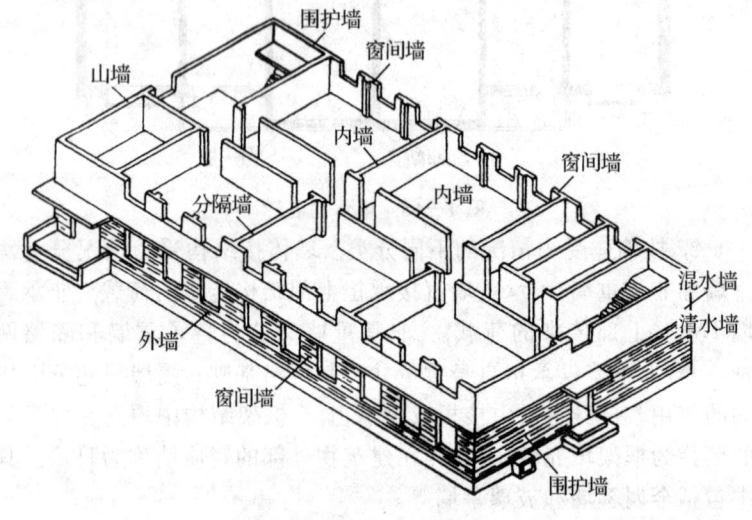

图1—69　墙体的种类

6. 按构造方式分类

（1）实体墙　是由普通黏土砖或其他砌块砌筑或由混凝土等材料浇筑而成的实心墙体。

（2）空体墙　指的是由普通黏土砖砌筑而成的空斗墙或由多孔砖砌筑而成的具有空腔的墙体。

（3）复合墙　是指由两种或两种以上的材料组合而成的墙体。

7. 按施工方法分类　墙体按施工方法的不同，可分为叠砌墙、板筑墙、装配式板材墙3种。

（1）叠砌墙　叠砌墙就是将各种加工好的块材，如黏土砖、灰砂砖、石块、空心砖、加气混凝土砌块用胶结材料砌筑而成的墙体。

（2）板筑墙　板筑墙是指在施工时，直接在墙体部位竖立模板，在模板内夯筑黏土或浇筑混凝土振捣密实而成的墙体。如夯土墙和大模板、滑模施工的混凝土墙体。

（3）装配式板材墙　是将工厂生产的大型板材运至现场进行机械化安装而成的墙体。

三、墙体的设计要求

根据墙体所在的位置和功能的不同，对墙体的设计要满足以下几点要求：

1. 墙体应具有足够的强度和稳定性　墙体的强度是指墙体承受荷载的能力，它取决于构成墙体的材料，材料的强度等级以及墙体的截面积。提高墙体强度的方法有：

（1）选用适当的墙体材料。

（2）加大墙体的截面积。

（3）在截面积相同的条件下，提高构成墙体的材料和砂浆的强度等级。

墙体作为一种较高、较长、较薄的受压构件，除了满足承载力要求外，还必须保证其稳定性。墙体高厚比的验算是保证砌体结构在施工阶段和使用阶段的稳定性的重要措施。墙体高厚比是墙体计算高度与墙厚的比值,高厚比越大,则墙体稳定性越差,反之,则稳定性越好。 高厚比还与墙体间的距离、墙体的开洞情况以及砌筑墙体的砂浆强度有关。 因此,在一定的长度和高度的情况下,提高墙体稳定性,可采取如下几种方法:

(1)增加墙体的厚度。 此种方法不够经济。

(2)提高墙体材料的强度等级。

(3)增设墙垛、壁柱、圈梁等构件。

2. 墙体应具有保温隔热的性能

(1)墙体的保温　对于冬季保温要求的建筑,必须使墙体有足够的保温能力。 若提高墙体保温性能,有以下几个措施:

①增加墙体厚度　墙体的热阻(即在传热过程中会遇到各种阻力,使热量不能迅速散失,这些阻力之和称为围护结构的热阻,用 R 来表示)与墙体的厚度成正比关系,增加墙体厚度可以提高热阻,从而提高墙的保温性能。 但会增加结构自重,占用面积,既不经济也不实用。

②选择热导率小的材料　如若增加热阻,比较行之有效的措施是选用热导率小的材料,构成墙体,如加气混凝土砌块墙、陶粒混凝土砌块墙等。

③做复合保温墙体　单纯的保温材料,一般强度较低,大多无法单独作为墙体使用。 利用不同性能的材料组合就构成了既能承重又能保温的复合墙体,在这种墙体中,轻质材料如泡沫塑料起保温作用,强度高的材料如黏土砖等起承重作用。 在复合保温墙体中,从保温性能考虑,保温材料应设在围护结构低温一侧,这样既可以充分发挥保温材料的作用,又可以保护结构层,延长结构构件的寿命,还可以减少保温材料内部产生水蒸气的可能性,如图1—70所示。

④冷桥部位的保温　冷桥部位,即指保温性能低的部位通常称为冷桥部位。 为提高冷桥部位的保温性能,一可采取局部保温措施;二是在寒冷地区,外墙中的钢筋混凝土过梁可作成L形,

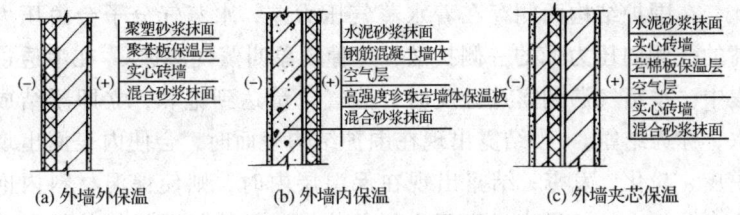

图 1-70 复合墙体做法

并在外侧加保温材料;三是对于框架柱,当柱子位于外墙内侧时,可不必另作保温处理,当柱子外表面与外墙平齐或突出时,应做保温处理。冷桥部位的保温处理,如图 1-71 和图 1-72 所示。

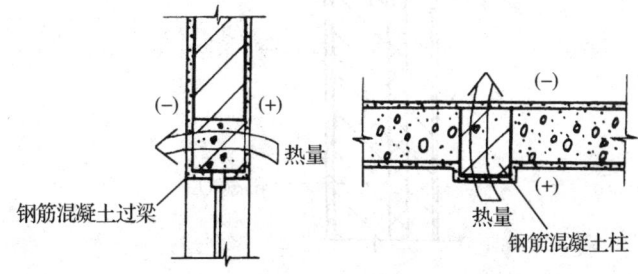

图 1-71 冷桥示意图

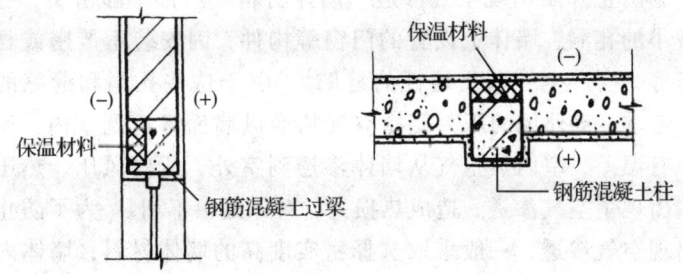

图 1-72 冷桥局部作保温处理

⑤采取隔气措施 空气有干空气和湿空气之分,湿空气中含有水蒸气,冬季,室内空气的温度和绝对湿度都比室外高,因

此，在围护结构两侧存在着水蒸气压力差，水蒸气分子会由压力高的一侧向压力低的一侧扩散，这种现象叫蒸气渗透。在渗透过程中，水蒸气遇到露点温度时，蒸气含量达到饱和，立即凝结成水，称为结露。当结露出现在围护结构表面时，会使内表面出现脱皮、粉化、发霉；结露出现在保温层内时，则使保温材料内饱含水分，水的热导率远高于空气的热导率，使保温材料的保温效果降低，使用年限缩短。为了避免这种情况，常在墙体保温层靠高温一侧，即蒸气渗入的一侧设置隔气层，以防止水蒸气在保温层和围护结构内部凝结。隔气层一般采用沥青、卷材、隔气涂料以及铝箔等防潮、防水材料，隔蒸气措施如图1-73所示。

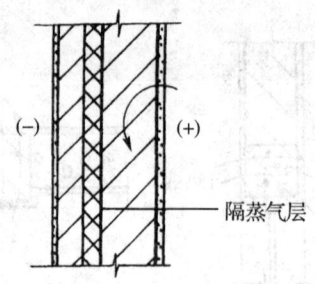

图1-73 隔蒸气措施

⑥防止外墙出现空气渗透　墙体材料一般都不够密实，有很多微小的孔洞，墙体上设置的门窗等构件，因安装不严密或材料收缩等，会产生一些贯通性的缝隙。由于这些孔洞和缝隙的存在，冬季，室外风的压力使冷空气从迎风墙面渗透到室内，而室内外有温差，室内热空气从墙体渗透到室外，所以风压、热压使外墙出现了空气渗透，造成热损失，对保温很不利。为了防止外墙出现空气渗透，一般采取选择密实度高的墙体材料；墙体内外加抹灰层；加强构件间的密封处理等措施。

（2）墙体的隔热　炎热地区的夏季，太阳辐射强烈，室外热量通过外墙传入室内，使室内温度升高，影响人们的工作和生活。因此，外墙应有足够的隔热能力。外墙隔热的措施有以下几点：①外墙材料选用热阻大、重量大的材料，以使外墙内表面的温度波动减少，提高热稳定性。②外墙表面应选用光滑、平整、浅色的材料以增加对太阳光的反射。③在外墙内部设置通风间层，利用空气的流动带走热量，降低外墙内表面温度。④在窗口外侧设置遮阳设施，以遮挡太阳光，避免其直射室内。⑤在外墙外表面种植攀缘植物，利用植物的遮挡、蒸发、光合作用吸收太阳的辐射热，从而起到隔热作用。

3. 墙体隔声 为了使室内有安静的环境，保证人们的工作、生活不受噪声干扰，应根据建筑的使用性质的不同，进行噪声控制。

声音的传递有两种形式，一种是声响发生后，通过空气，透过墙体再传递到人耳，这叫空气传声。另一种是直接撞击墙体或楼板，发出的声音再传递到人耳，这叫固体传声。墙体隔声主要是隔绝空气传声。空气传声在墙体中的传播途径有两种：一种是通过墙体的缝隙和微孔传播，另一种是在声波的作用下，墙体受到振动，致使墙体向其他空间辐射声能。墙体隔声的措施一般有以下几点：

（1）加强墙体的密封处理 如对墙体与门窗、通风管道间等处的缝隙进行密封处理。

（2）增加墙体的密实性及厚度 是为了避免噪声穿透墙体或引起墙体振动。

（3）采用有空气间层或多孔材料的夹层墙 因为空气或玻璃棉等多孔材料具有减振和吸声作用，所以能提高墙体的隔声能力。

（4）在建筑总平面中考虑隔声问题 将不怕噪声的建筑靠近城市干道布置，这样对后排建筑可起到隔声作用，也可选择枝叶茂密、四季常青的绿化带降低噪声。

4. 其他要求 墙体的设计要求除了上述几点外，还应该满足：

(1)防火要求 墙体的设置应满足防火规范的要求,墙体的材料选择和构造应满足燃烧性能和耐火极限的要求。

(2)防水、防潮的要求 在实验室、卫生间及厨房等有水的房间应采取防潮防水措施,选择良好的防水材料以及恰当的构造做法,保证墙体的坚固耐久性,使室内有良好的卫生环境。

(3)建筑工业化的要求 主要是要进行墙体改革,要开拓创新,不断改变手工生产和旧式操作,逐步实现机械化施工,降低劳动强度,提高工作效率,选用质轻强度高的墙体材料,力求减轻自重,降低成本,质优安全。

四、墙体的细部构造

1. 墙脚构造 墙脚是指室内地面以下基础以上的这段墙体。内外墙均有墙脚,如图1-74所示。由于砖砌体本身存在很多微孔以及墙脚所处的位置,墙脚处常有地表水和土壤中的无压水渗入,致使墙身受潮,饰面脱落,影响室内环境。因此必须做好内外墙的防潮,增强墙脚的坚固性和耐久性,排除房屋四周地面水。

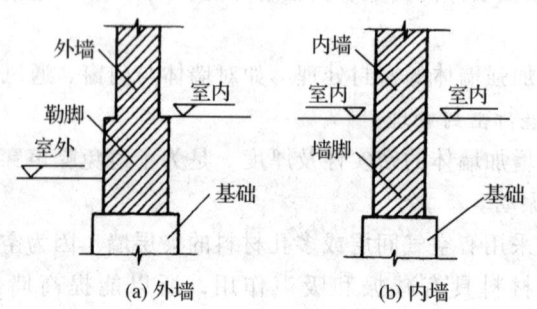

图1-74 墙脚位置

(1)墙身防潮 墙身防潮的做法是在内外墙脚处铺设连续的水平防潮层,称为墙身水平防潮层,用来防止土壤中的无压水渗入墙体。

①防潮层的位置 防潮层应在所有的内外墙中连续设置,其

位置与所在墙体及地面情况有关。第一种情况是当室内地面垫层为混凝土等密实材料时，内、外墙防潮层应设在垫层范围内，一般要低于室内地坪60mm，如图1—75（a）所示。第二种情况是当室内地面垫层为透水材料（如炉渣、碎石）时，水平防潮层的位置应平齐或高于室内地面60mm，如图1—75（b）所示。第三种情况是当室内地面垫层为混凝土等密实材料，并且内墙面两侧地面出现高差或室内地坪低于室外地面时，应在高低两个墙脚处分别设一道水平防潮层，并在土壤一侧的墙面设垂直防潮层，如图1—75（c）所示。

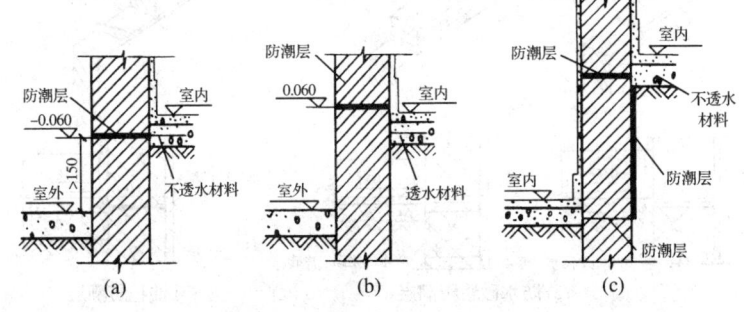

图1—75 墙身防潮层的位置（mm）

a）地面垫层为密实材料 b）地面垫层为透水材料 c）室内地面有高差

②防潮层的做法 第一，墙身水平防潮层的构造做法 a. 防水砂浆防潮层：防水砂浆为1：2水泥砂浆加质量分数为3‰～5‰的防水粉，厚度为20～25mm，或用防水砂浆砌三皮砖做出防潮层。这种做法构造简单，但砂浆不饱满或开裂时会影响防潮效果，不适用于地基有不均匀沉降的建筑物，防水砂浆防潮层的做法，如图1—76（a）所示。b. 油毡防潮层：在防潮层的位置先抹20mm厚水泥砂浆找平层，上铺一毡二油。这种做法效果好，但油毡层的隔离削弱了砖墙的整体性，在下端按固定端考虑的砖砌体和有抗震设防要求的建筑中禁止使用。同时，油毡的寿命一般只有20年左右，长期使用将失去防潮作用，目前采用者甚少。其做法如图1—

76(b)所示。c.细石混凝土防潮层：在设置防潮层的位置铺设60mm厚、与墙同宽的细石混凝土带，内配3φ6或3φ8钢筋。由于其抗裂性能好、防潮效果好，且能与砌体结合为一体，所以适用于整体刚度要求较高的建筑中。细石混凝土防潮层的做法，如图1－76(c)所示。d.当水平防潮层处设有钢筋混凝土圈梁时，可不另设防潮层，而由圈梁代替防潮层。第二，墙身垂直防潮层的构造做法用20mm厚1:2.5的水泥砂浆找平，外刷冷底子油一道，热沥青两道。或用建筑防水涂料、防水砂浆涂抹。

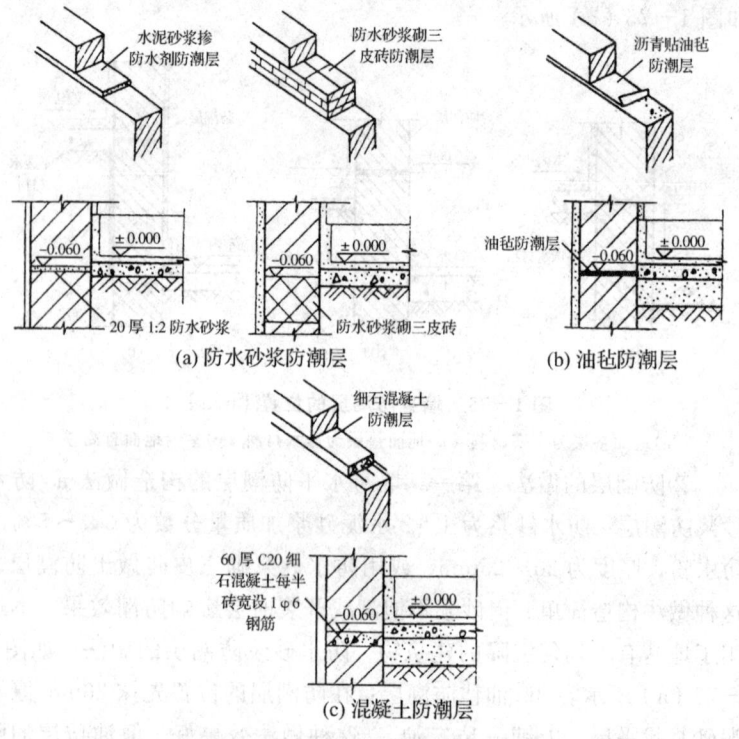

图 1－76 墙身防潮层的构造（mm）

（2）勒脚构造 外墙的墙脚称为勒脚，它有3个作用：一是保护墙体，防止各种机械性碰撞；二是防止地表水对墙脚的侵蚀；三是可对建筑物立面的处理产生美观效果。所以，勒脚应坚固、防水、美观，勒脚处墙体的构造做法有如下几种：①在勒脚部位抹 20～30mm 厚的 1∶2.5 水泥砂浆或水刷石，为了保证抹灰层与砖墙黏结牢固，施工时应注意清扫墙面，浇水润湿，也可在墙面上留槽，使抹灰嵌入，称为咬口。②用天然石材，如花岗石、大理石或人工石材（如水磨石板）等作为勒脚贴面。这种做法防碰撞性较好，耐久性强，装饰性好，主要用于高标准建筑。③勒脚部位的墙体采用天然石材，如毛石等砌筑。勒脚构造做法，如图 1-77 所示。

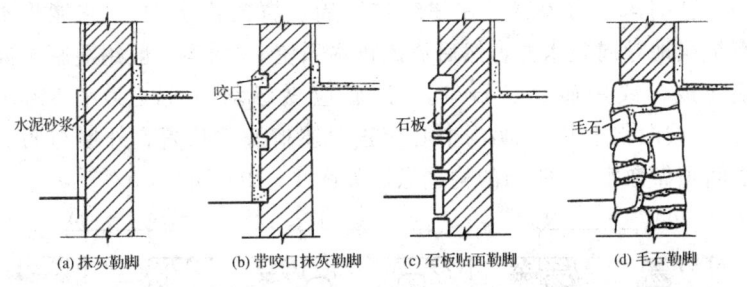

图 1-77 勒脚构造

（3）散水和明沟 房屋四周的地表水渗入地下时，会增加基础周围土的湿度，这不仅使土的含水率增加，还可能降低地基的承载力。为保护墙基不受水的侵蚀，要在房屋四周勒脚与室外地面相接处设排水沟和散水，将勒脚附近的地表水排走。

①散水 即建筑物四周坡度为 3%～5% 的护坡。散水能将地表积水排离建筑物。散水的宽度一般为 600～1 000mm，当屋面排水方式为自由排水时，散水应比屋面檐口宽 200mm，且散水应加滴水砖带。散水一般是在素土夯实上铺三合土、灰土、混凝土等材料，也可用砖、石等材料铺砌而成。散水与外墙交接处应设分隔缝，分隔缝内应用有弹性的防水材料嵌缝，以防止外墙下沉时散水被拉裂。同时，散水整体面层纵向距离，应每隔 6～12m 做一道伸缩缝，缝内处理同勒脚与散水相交处的处理。散

水的做法如图 1-78 所示。

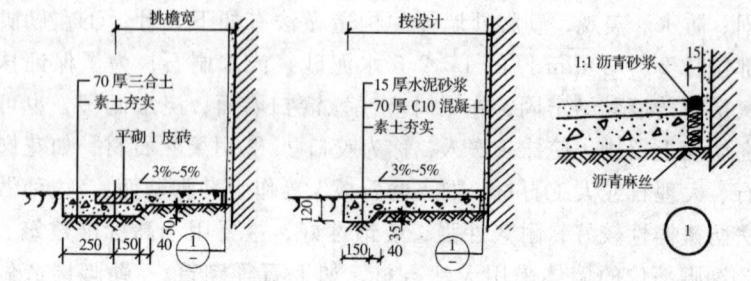

图 1-78 散水构造(mm)

②明沟 明沟就是在建筑物四周设置的排水沟。它能将水有组织地导向集水井,然后流入排水系统。明沟一般用混凝土浇筑而成,或用砖砌、石砌。沟底应做纵坡,坡度为 0.5‰~1‰,坡向集水井。明沟中心应正对屋檐滴水位置,外墙与明沟之间须做散水。明沟的构造做法如图 1-79 所示。

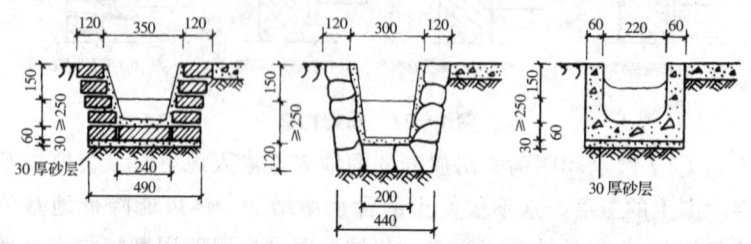

图 1-79 明沟构造(mm)

2. 变形缝 建筑物由于受昼夜温差的影响而热胀冷缩,或由于不均匀沉降以及地震因素等影响,而使房屋内部产生裂缝或变形,在应力集中处开裂,影响使用,甚至造成严重破坏。因此,为了避免和减少这些不利影响,除加强建筑物的整体刚度外,还需要在某些变形敏感部位,预先沿着整个建筑物的高度设置预留缝,将建筑物分成独立的单元,或是分为简单、规则、均一的单元,以免应力集中,并给变形留下适当的余地。这种将建筑物垂直分开的缝,称之为变形缝。变形缝包括伸缩缝、沉降缝、防震缝 3 种。

（1）伸缩缝　在长度或宽度较大的建筑物中，为避免由于温度变化引起材料的热胀冷缩导致构件开裂，而沿竖向将建筑物基础以上部分全部断开的预留缝称为伸缩缝。当屋顶有保温隔热设施时，温度变化引起建筑物的结构变形较小，反之，则较大。装配式屋顶比较容易适应变形，而现浇的屋顶则较难适应变形。因此，对建筑物是否需要设伸缩缝，主要按建筑物的长度、结构类型、屋盖刚度以及屋顶是否设保温层来作决定。墙体房屋伸缩缝的最大间距见表1-3。

表1-3　砌体房屋伸缩缝的最大间距

砌体房屋盖或楼盖类别		间距(m)
整体式或装配体式钢筋混凝土结构	有保温层或隔热层的屋盖、楼盖	50
	无保温层或隔热层的屋盖	40
装配式无檩体系钢筋混凝土结构	有保温层或隔热层的屋盖、楼盖	60
	无保温层或隔热层的屋盖	50
装配式有檩体系钢筋混凝土结构	有保温层或隔热层的屋盖、楼盖	75
	无保温层或隔热层的屋盖	60
瓦材屋盖、木屋盖或楼盖、轻钢屋盖		100

伸缩缝要求把建筑物的墙体、楼板层、屋顶等地面以上部分全部断开，基础部分因受温度变化影响较小而不需断开。伸缩缝缝宽20~30mm。伸缩缝一般做成平缝、错口缝、正口缝，如图1-80所示，也可做成凹缝。

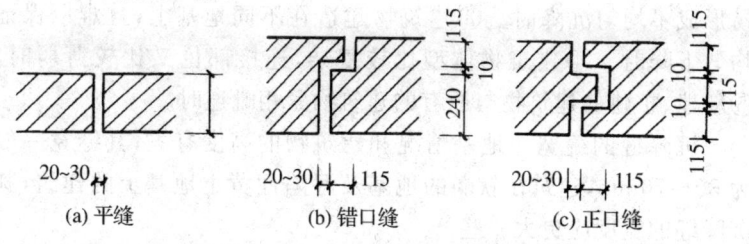

图1-80　砖墙伸缩缝的截面形式（mm）

为防止外界自然条件通过伸缩缝对墙体及室内环境的侵袭，需对伸缩缝进行构造处理，以达到防水、保温、防风等要求。外墙外侧常用浸沥青的麻丝或木丝板及泡沫塑料条、油膏等有弹性的防水材料塞缝，缝口可用镀锌铁皮、铝合金做盖缝处理。内墙可用金属皮或木盖缝板作为盖缝，所有填缝及盖缝材料和结构，都应保证结构在水平方向自由伸缩而不破坏。另外，在盖缝处理时，还应注意与缝所在的墙面相协调。伸缩缝的构造，如图 1—81 所示。

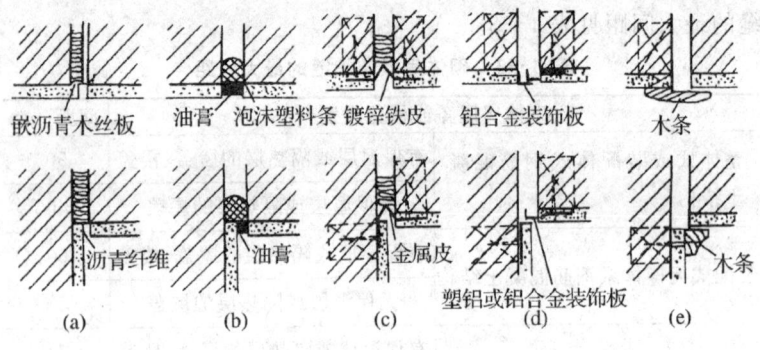

图 1—81　伸缩缝构造
(a)、(b)、(c)外墙伸缩缝构造　(d)、(e)内墙伸缩缝构造

(2)沉降缝　沉降缝是为了预防建筑物各部分由于不均匀沉降所引起的破坏而设置的变形缝。沉降缝一般在下列部位设置：①同一建筑物相邻部分的高度相差较大，或荷载相差悬殊，或结构形式较大，而导致地基沉降不均匀时。②建筑物各部分相邻基础的形式、宽度及埋深相差较大，造成基础底部压力有很大差异，容易形成不均匀沉降时。③建筑物建造在不同地基上，且难以保证均匀下降时。④建筑物体型比较复杂，连接部位又比较薄弱时。⑤新建、扩建的建筑物与原有的建筑物紧相毗连时。

沉降缝的缝宽与地基情况和建筑物的高度有关，其缝宽一般为 30～70mm，建筑在软弱的地基及湿陷性黄土地基上的建筑，其沉降缝的宽度应更大一些。

沉降缝与伸缩缝的最大区别在于伸缩缝只需保证建筑物在水平方向的自由伸缩变形,而沉降缝主要应满足建筑物各部分在垂直方向的自由变形,所以应将建筑物从基础到屋顶全部断开。同时,沉降缝也兼顾伸缩缝的作用,在构造上应满足伸缩与沉降的双重要求。墙体沉降缝的盖缝处理应满足水平伸缩和垂直变形的要求,同时,也要满足抵御外界影响以及美观的要求。沉降缝的构造及其做法,如图1-82所示。

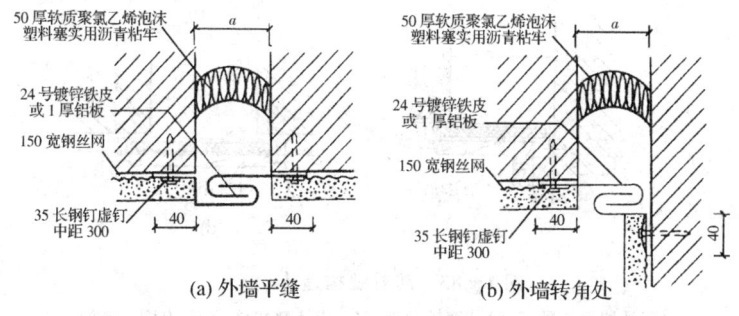

(a) 外墙平缝　　　　　　(b) 外墙转角处

图1-82　沉降缝构造(mm)

(3)防震缝　防震缝是在抗震设防地区,针对可能发生的地震设置的。在这类地区,建筑物的平面和体型最好是比较规整,否则,一旦有地震发生,某些部位会因变形产生应力集中而破坏。因此需要根据不同地区的设防烈度、建筑结构类型和高度,在可能由地震引起断裂的这些部位设置防震缝,将建筑物分为简单、规整、单一的单元。房屋砌体有下列情况之一时,均需设防震缝。①房屋立面高差在6m以上。②房屋有错层,且楼板高差较大。③各部分结构刚度、质量截然不同。防震缝的缝宽应根据地震烈度和房屋高度来确定,可采用50~100mm的尺寸范围。在抗震设防地区,防震缝应同伸缩缝和沉降缝一起协调布置,做到一缝多用或多缝合一,其构造也必须同时满足它们的变形要求。一般情况下,防震缝的基础可以不断开,但在复杂的建筑中,或建筑相邻部分刚度差别很大时,基础应该断开,兼起沉降缝作用的防震缝也应该将基础断开。防震缝的构造要求及做法如图1—83所示。

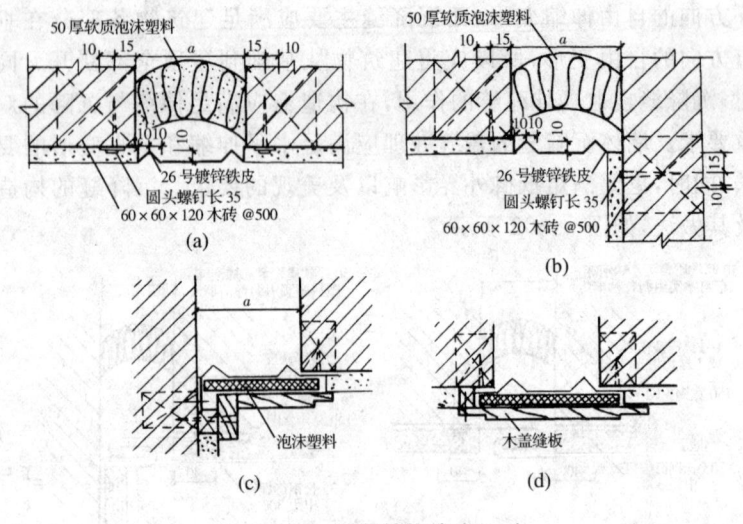

图1—83 防震缝构造（mm）
(a)外墙平缝处 (b)外墙转角处 (c)内墙转角处 (d)内墙平缝处

第六节 房屋建筑的主要结构——屋顶

屋顶是房屋的最上层且最重要的覆盖部分，和外墙一起构成房屋的围护结构，用以抵御自然界的风霜雨雪、太阳辐射、气温变化及其他一些外界的不利因素对内部空间使用的影响。屋顶的施工设计、材料选择、严格质量等非常重要，绝对不可忽视。

一、屋顶的功能作用

屋顶的主要功能是防水，防水是屋面设计和施工的核心。

1. 屋顶的作用　屋顶可以防止风、沙、雨、雪的侵袭，起到防水、排水、保温、隔热、承受自重、风雪、施工维修等荷载的作用。

2. 屋顶的设计要求　屋顶设计应满足坚固耐久、防水排水、保温隔热、形象美观、抵御外界侵蚀的要求，同时还应自重轻、构造简单、经济适用、施工方便等。

二、屋顶的组成

屋顶一般都由承重结构层、屋面防水层、保温隔热层和顶棚四大部分组成。屋顶的细部构件有檐口、女儿墙、泛水、天沟、落水口、出屋面管道、屋脊等。

三、屋顶的类型

1. 按功能划分 有保温屋顶、隔热屋顶、采光屋顶、防水屋顶、种植屋顶等。

2. 按屋面材料划分 有钢筋混凝土屋顶、瓦屋顶、金属屋顶、卷材屋顶、玻璃屋顶等。

3. 按结构类型划分 有平面结构。如梁板结构、屋架结构等；空间结构：包括折板、壳体、网架、悬索、薄膜等结构。

4. 按外观形式划分 有平屋顶、坡屋顶及曲面屋顶等，如图1－84所示。其中坡屋顶又有一面坡、两面坡和多面坡之分，如图1－85所示。

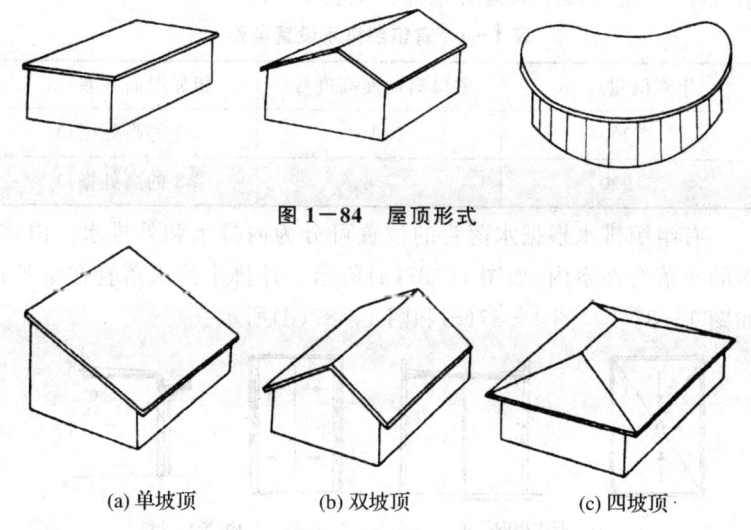

图1－84 屋顶形式

(a) 单坡顶　　(b) 双坡顶　　(c) 四坡顶

图1－85 坡屋顶的形式

四、屋面排水

屋面的排水方式有两种,即无组织排水和有组织排水两种。

1. 无组织排水　无组织排水又称自由排水。屋面伸出外墙,雨水自由地从檐口落于室外地面,如图1-86所示。自由落水构造简单、经济,缺点是雨水落下时会溅湿墙面。一般用于两层以下的低层建筑。

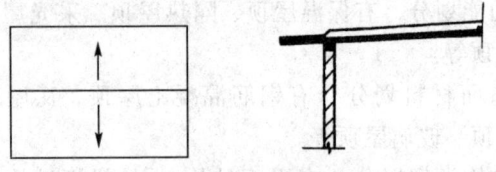

图1-86　无组织排水

2. 有组织排水　有组织排水是通过排水系统,将屋面积水有组织地排至地面。其做法是将屋面划分成若干个排水区,使雨水进入排水天沟,经落水管排至室外地面,最后排往地下排水管网系统。有组织排水的设置条件,见表1-4。

表1-4　有组织排水设置条件

年降雨量/mm	檐口离地面高度/m	相邻屋面高差/m
≤900	>10	>4的高处檐口
>900	≥4	≥3的高处檐口

有组织排水根据水落管的位置可分为内排水和外排水。内排水的水落管在室内,如图1-87(a)所示。外排水的水落管在室外,如图1-87(b)、图1-87(c)和图1-87(d)所示。

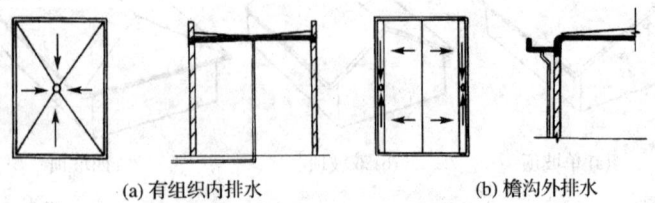

(a) 有组织内排水　　　　　(b) 檐沟外排水

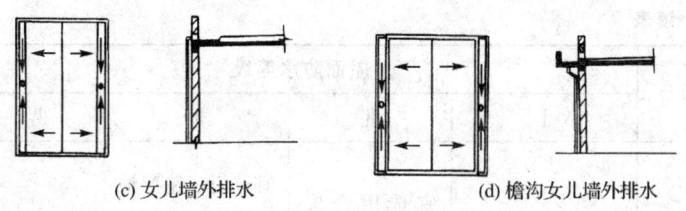

(c) 女儿墙外排水　　　　(d) 檐沟女儿墙外排水

图1-87　有组织排水

五、屋面防水

1. 屋面防水原理　屋面的防水性能是屋面防水材料和排水坡度两要素间，经过合理的构造设计和严格施工而实现的。屋面防水是利用防水材料的不透水性，使材料间相互搭接形成一个封闭的不透水覆盖层，同时利用屋面坡度，使降落于屋面的雨水和融化的雪水排离屋面。

2. 屋面的防水等级　根据屋面的多样性，为了使屋面防水做到经济合理，我国《屋面工程技术规范》（GB50207-1994）根据建筑物的性质、重要程度、使用功能要求以及防水层的耐用年限等，将屋面防水分为4个等级，按不同等级设防，以此来选用不同建筑的防水构造做法，见表1-5。

表1-5　屋面防水等级和设防要求

项目	屋面防水等级			
	Ⅰ	Ⅱ	Ⅲ	Ⅳ
建筑物类别	特别重要的民用建筑和对防水有特殊要求的工业建筑	重要的工业及民用建筑、高层建筑	一般性工业及民用建筑	非永久性建筑
防水层耐用年限/年	25	15	10	5

续表

项目	屋面防水等级			
	I	II	III	IV
防水层选用	宜选用合成高分子防水卷材、高聚物改性沥青防水卷材、合成高分子防水涂料、细石混凝土等材料	宜选用合成高分子防水卷材、高聚物改性沥青防水卷材、合成高分子防水涂料、高聚物改性沥青防水涂料、细石混凝土、平瓦等材料	宜选用三毡四油沥青防水卷材、高聚物改性沥青防水卷材、合成高分子防水卷材、高聚物改性沥青防水涂料、合成高分子防水涂料、沥青基防水涂料、刚性防水层、平瓦、油毡瓦等材料	宜选用二毡三油沥青防水卷材、高聚物改性沥青防水涂料、沥青基防水涂料、波形瓦等材料
设防要求	三道或三道以上防水设防,其中应有一道合成高分子防水卷材,且只能有一道厚度不小于2mm的合成高分子防水涂膜	二道防水设防,其中应有一道卷材。也可采用压型钢板进行一道设防	一道防水设防,或两种防水材料复合使用	一道防水设防

六、平屋顶

1. 平屋顶的构造组成　由于地区的差异、建筑功能要求的不同,各地区平屋顶的构造层次也有所不同。平屋顶的构造设计,除了结构层、防水层和保护层以外,寒冷地区设保温层,炎热地区设隔热层,室内湿度大的需设隔蒸气层以及设置起过渡作用的找平层等也是忽略不得，必须考虑并认真对待的。平屋顶的坡度一般小于5％，根据排水面积和排水坡长，一般为2％～3％。

（1）结构层　又叫承重层，主要作用是承受屋顶的所有重量，要求有足够的强度和刚度，以防止由于结构变形过大引起防水层开裂。

（2）防水层　主要作用是用来阻止落在屋面上的雨水及融化后的雪水渗入建筑物内部。根据材料性质可分为刚性防水、卷材防水（也称柔性防水）、涂料防水（或涂膜防水）、粉剂防水（又称粉末防水）等。

（3）保温层　主要作用是在寒冷地区防止室内热量由屋顶向室外散失。选用的材料一般为轻质多孔材料。

（4）隔热层　主要作用是隔热，防止和减少太阳的辐射热传入室内，以降低屋顶热量对室内的影响，我国南方炎热地区屋顶设隔热层尤其重要。

（5）隔气层　主要作用是防止室内的水蒸气向屋顶保温层渗透而影响保温层的保温性能，以及对防水层可能产生的破坏作用。多用于厨房、浴室等室内湿气较大的屋顶上。

（6）找平层　卷材防水要求铺在坚固平整的基层上，以防止卷材凹陷和断裂，因此，在松散材料上和不平整的楼板上应设找平层。在找平层施工中，要在水泥砂浆抹完（即抹平收水后），应进行二次压光、充分养护，不能有酥松、起砂、起皮等现象，并应适当留分隔缝。

（7）保护层　主要作用是保护防水层，使防水层在阳光辐射和大气作用下不会过快老化。防止沥青类卷材防水层中沥青流淌，并防止暴雨对防水层的直接冲刷，以及上人屋面中，人对卷材防水层的踩踏。保护层常用材料有豆石（也叫绿豆沙）、云母、蛭（zhì）石、铝箔（bó）、彩砂、涂料、细石混凝土及块材等。

2. 平屋顶的防水　前面刚刚提过，防水层有刚性防水、卷材防水、涂料防水和粉剂防水等。这里只介绍卷材防水。

卷材防水屋面是将柔性防水卷材或片材用胶结材料粘贴在屋面基层上,形成一个大面积的封闭的防水覆盖层,故又称为柔性防水。卷材是在工厂生产的,规格尺寸准确,质量可靠度高。

(1)防水卷材的种类

①沥青防水卷材 有玻纤布胎沥青防水卷材、铝箔面沥青防水卷材、麻布胎沥青防水卷材等。

②合成高分子防水卷材 有三元乙丙橡胶(简称EPODM)、氯化聚乙烯-橡胶共混防水卷材和聚氯乙烯防水卷材等。

③改性沥青防水卷材 有SBS改性沥青防水卷材、APP改性沥青防水卷材和SBR改性沥青防水卷材。卷材防水屋面构造层次,如图1-88所示。

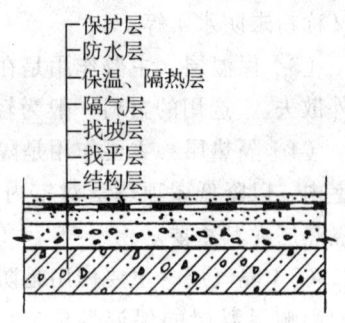

图1-88 卷材防水屋面构造层次

(2)卷材防水屋面的构造

①防水层 由防水卷材和相应的卷材黏结剂分层黏结而成,层数与厚度由防水等级确定。具有单独防水能力的一个防水层次称为一道防水设施。卷材铺设前,基层必须干净、干燥,并涂刷与卷材配套使用的基层处理剂(此层次称为结合层),以保证防水层与基层黏结牢固。卷材的铺贴方法有:冷粘法、热熔法、热风焊接法和自粘法等。卷材一般分层铺设,当屋面坡度小于3%时,卷材宜平行屋脊铺设;当坡度在3%~15%时,卷材可平行或垂直屋脊进行铺贴。上下层卷材不得互相垂直铺贴,上下层及相邻两幅卷材的搭接应错开。平行屋脊的搭接缝应顺水流方向,垂直屋脊的搭接缝应顺着年最大频率风向搭接。

卷材搭接时,搭接宽度依据卷材种类和铺贴方法确定,见表1-6。卷材搭接缝,用与卷材配套的专用胶黏剂黏接,接缝处用密封材料封严,图1—89所示的就是三元乙丙橡胶卷材接缝构造。当卷材防水层上有重物覆盖或基层变形较大时,应优先采用空铺法、点粘法和条粘法〔在铺贴防水卷材时,卷材与基层间若仅仅在四周一定宽度内粘接称为空铺法;若将胶黏剂涂成条状(每条宽度不小于150mm)进行粘接称为条粘法;若将胶黏剂涂成点状(每点面积100mm×100mm)进行粘接称为点粘法〕。

表1—6 卷材搭接宽度

搭接方向 铺贴方法 卷材种类		短边搭接宽度(mm)		长边搭接宽度(mm)	
		满粘法	空铺法 点粘法 条粘法	满粘法	空铺法 点粘法 条粘法
沥青防水卷材		100	150	70	100
高聚物改性沥青防水卷材		80	100	80	100
合成高分子 防水卷材	粘贴法	80	100	80	100
	焊接法	50			

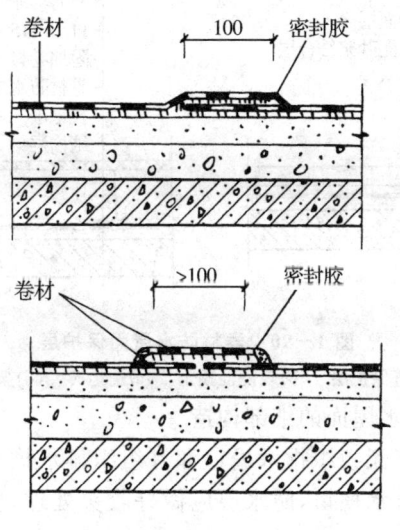

图1—89 卷材接缝构造(mm)

②保护层 屋面保护层的做法要考虑卷材类型和屋面是否作为上人的活动空间。第一是不上人屋面：沥青类卷材防水层用沥青胶粘直径3~6mm的豆石,如图1-90(a)所示。高聚物改性沥青防水卷材或合成高分子卷材防水层,可用铝箔面层、彩砂及涂料等。第二是上人屋面：一般可在防水层上浇筑细石混凝土层,厚为30~50mm,如图1-90(b)所示。也可用水泥砂浆或砂垫层铺地砖,如图1-90(c)所示。还可以架设预制板,如图1-90(d)所示。

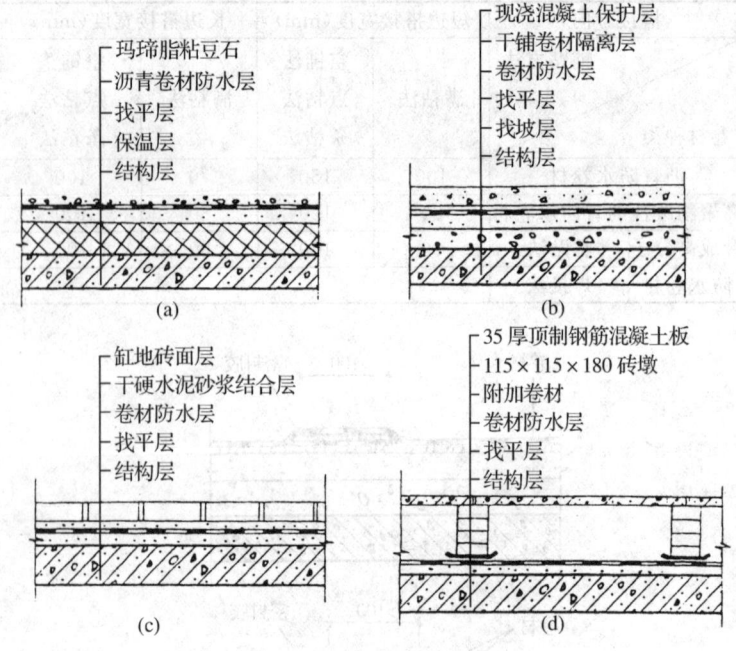

图1-90 卷材防水屋面保护层
(a)豆石保护层 (b)现浇混凝土 (c)铺地砖 (d)架预制板

(3)卷材防水屋面的细部构造

①檐口 有无组织排水檐口和有组织排水檐口。自由落水挑檐就是无组织排水檐口,防水层应做好收头处理,檐口范围内防水层应采用满粘法,收头应固定密封,如图1-91所示。天沟：就是

有组织排水檐口,卷材防水屋面的天沟,必须解决好卷材的收头,以及与屋面交界处的防水处理,天沟与屋面的交接处应做成弧形,并增铺200mm宽的附加层,附加层适宜空铺,如图1-92所示。

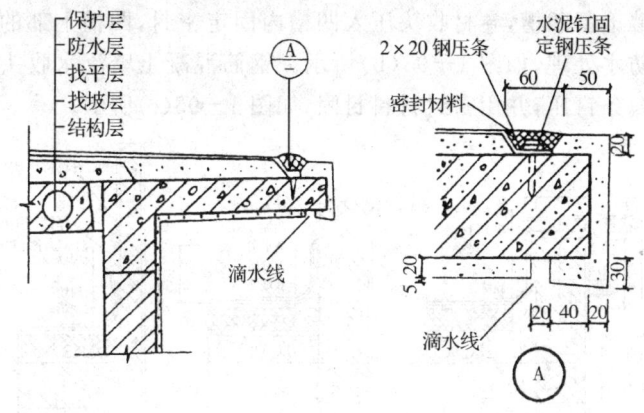

图1-91 卷材防水屋面自由落水挑檐构造(mm)

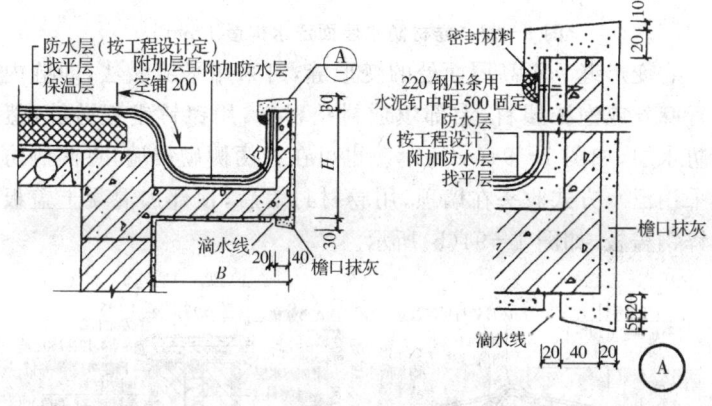

图1-92 卷材防水屋面天沟构造(mm)

②泛水 泛水指的是屋面防水层与垂直墙面或出屋面竖向构件相交处的防水处理。卷材防水屋面的泛水重点是应该做好防水层的转折、垂直墙面上的固定及收头。转折处应做成弧形或45°斜面(又叫八字角),防止卷材被折断。泛水处卷材应采用满贴法,泛

水高度由设计而确定,但最低不小于250mm,应根据墙体材料确定收头及密封形式。墙体为砖墙且不太高时,卷材收头可直接做到女儿墙压顶下,压顶做防水处理,如图1—93(a)所示。墙较高时,可在墙上留凹槽,卷材收头压入凹槽内固定密封,凹槽上部的墙也应做防水处理,如图1—93(b)所示。钢筋混凝土墙泛水收头可采用金属条钉压,并用密封材料封固,如图1—93(c)所示。

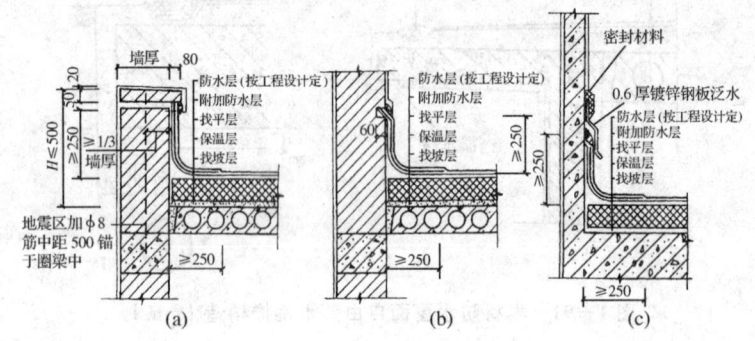

图1—93 卷材防水屋面泛水构造(mm)

③变形缝 等高屋面处的变形缝,可采用平缝做法,即缝内填沥青麻丝或泡沫塑料,上部填放衬垫材料,用镀锌钢板盖缝,然后做防水层,如图1—94(a)所示。也可在缝两侧砌矮墙,将两侧防水层采用泛水方式收头在墙顶,用卷材封盖后,顶部加混凝土盖板或镀锌钢盖板,如图1—94(b)所示。

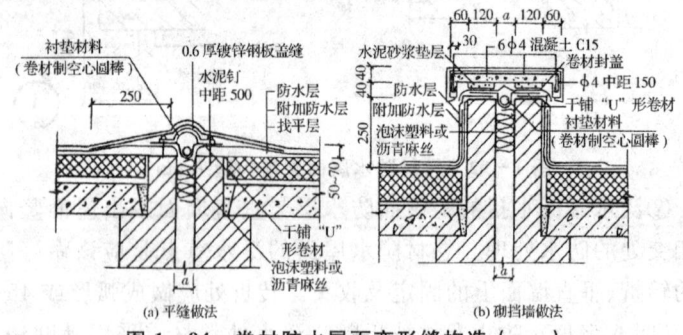

图1—94 卷材防水屋面变形缝构造(mm)

④出屋面管道 包括通风管道、通气管和烟囱等。砖砌烟囱和混凝土预制烟囱和通风管道的构造,如图1—95(a)所示。通气管做法,如图1—95(b)所示。当用铁制烟囱时,要处理好烟囱的变形和绝热,其构造如图1—95(c)所示。

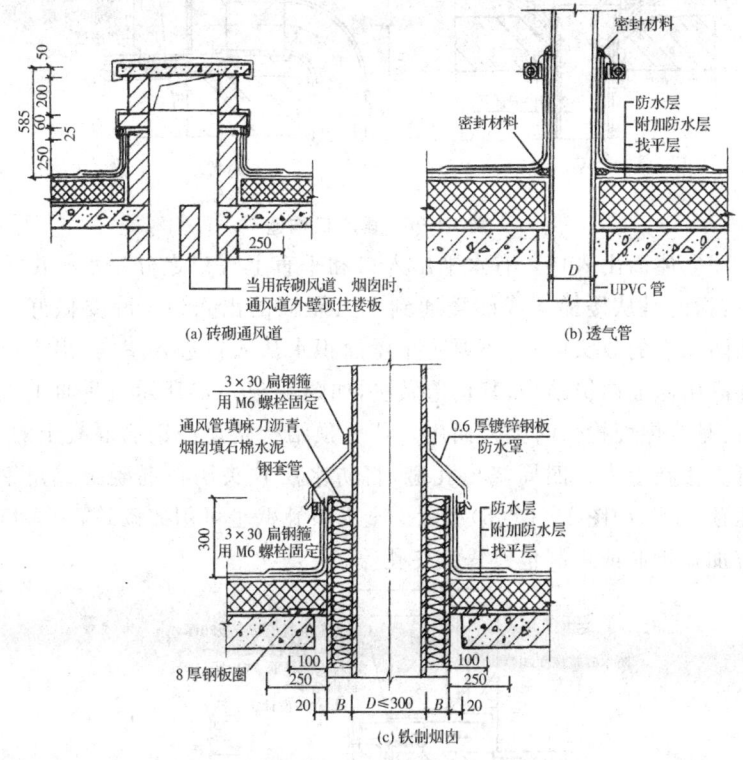

图1—95 出屋面管道构造(mm)

⑤雨水口 雨水口是屋面雨水汇集并排到水落管的关键部位,要求排水畅通、防止渗漏和堵塞。雨水口的材料,一般常用的有铸铁和UPVC塑料,分为横式和直式两种。直式雨水口用于天沟沟底开洞,UPVC塑料雨水口的构造,如图1—96(a)所示。横式雨水口用于女儿墙外排水,UPVC塑料雨水口的构造,如图1—96(b)所示。雨水斗的位置应注意其标高,保证为排水最低点,雨水

口周围直径500mm范围内的坡度不应小于5%。

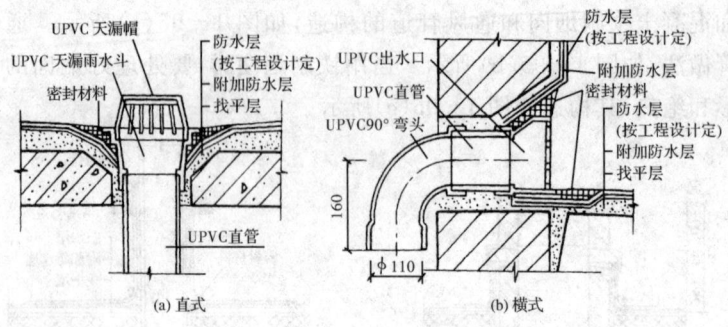

图1-96 雨水口构造

⑥屋面出入口 有水平出入口和垂直上入口之分。水平出入口:指的是从楼梯间或阁楼通到上人屋面的出入口。除要做好屋面防水层的收头以外,还要防止屋面积水从入口进入室内,出入口要高出屋面两级踏步,其构造做法,如图1-97(a)所示。垂直上人口:是为屋面检修时上人而用。若屋顶结构是现浇钢筋混凝土的,可直接在上人口四周浇出孔避,将防水层收头压在混凝土或角钢压顶之下,如图1-97(b)所示。上人口孔壁也可用砖砌筑,上人口应加盖钢制或木制包镀锌铁皮孔盖。

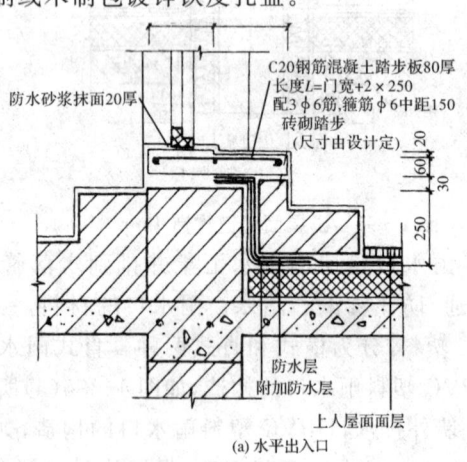

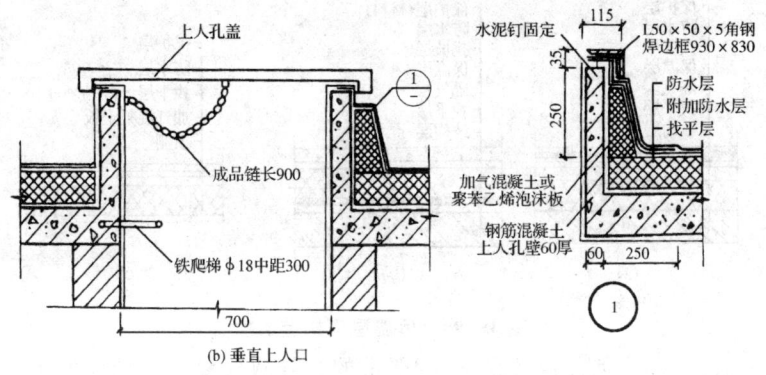

图 1—97　屋面出入口（mm）

3. 平屋顶的保温　在我国北方寒冷地区，或有空调设备的建筑中，为了防止热量散失得过多过快，使室内有一个适宜的温度，保证室内有一个舒适的生活和工作环境，所以建筑屋顶应设保温层。保温屋面所选用的材料和构造做法，应根据建筑物的使用要求、屋面的结构形式、环境的气候条件、防水的处理方法和施工的具体条件等因素综合考虑确定。保温层的厚度要通过热工的认真计算来确定，一般可从当地的建筑标准设计要求的图集中获得可靠的计算依据。

(1) 平屋顶的保温构造　在屋顶中，保温层与防水层、结构层等的位置关系有 3 种情况：①构造层次是防水层在上、保温层居中、结构层在下，如图 1—98(a)所示。这种形式构造简单、施工方便，故广为采用。②构造层次是保温层在上、防水层居中、结构层在下，如图 1—98(b)所示。它与传统的屋顶铺设层次相反，故称为倒置式保温屋面。其优点是：防水层不受太阳辐射和剧烈气候变化的直接影响，不受外来机械物件的损伤。但保温层应选用吸湿性低、耐候性强的保温材料，并在保温层上面加设保护层，以防表面被破损。③将保温层与结构层组成复合板的形式，放于防水层下面，如图 1—98(c)所示。

(2) 保温层的保护　因为保温层常用多孔轻质材料，一旦受潮

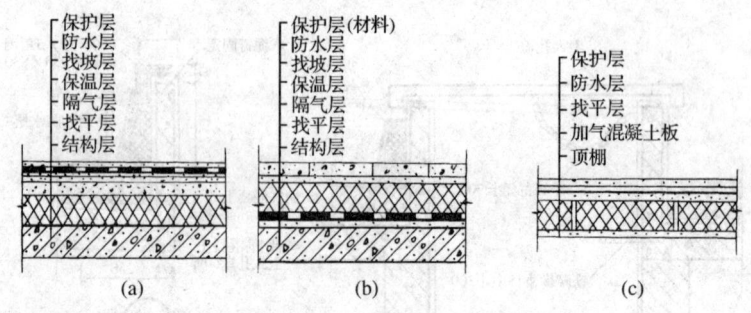

图 1-98 保温屋顶构造层次

或者进水,会使保温效果下降,严重的会导致保温层冻结而使屋面破坏。为了防止室内水蒸气渗入保温层中,需设置隔气层排气道和排气孔。排气道应纵横连通不得堵塞,防水层粘贴需采用条铺点铺并留好排气通道。其间距为6m,并与排气口相通,如图1-99所示。

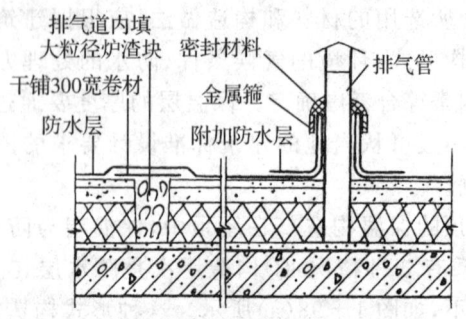

图 1-99 排气道与排气口构造(mm)

4. 平屋顶的隔热降温 夏季在太阳辐射和室外空气温度的共同作用下屋顶温度会剧烈升高,直接影响室内环境。尤其是南方炎热地区,屋顶的隔热降温问题更为突出,所以必须从结构上采取隔热降温的有效措施,以减少屋顶的高温对室内的影响。

隔热降温的原理是:尽量减少直接作用于屋顶表面的太阳辐射能,及减少屋面热量向室内散发。

平屋顶隔热降温的构造做法有以下几种:

(1)屋顶通风隔热　屋顶通风隔热就是在屋顶中设置通风间层,通过屋面到达空气间层的热量,在风压的作用下,热空气流出将热量不断带走,传入室内的热量减少,从而达到降温的目的。通风间层通常有屋面架空通风隔热和吊顶通风隔热两种设置方式。

①架空通风隔热　如图1-100所示,架空层材料可以是预制混凝土板、筒瓦及各种形式的混凝土构件。架空层的高度与屋面宽度及坡度有关,一般净空高度以180～240mm为宜,不超过360mm。对有女儿墙的屋面,架空层不宜沿屋满铺,应在边缘留进风口和出风口;对宽度较大的屋面在屋脊处应设通风桥,如图1-101所示。

②吊顶通风隔热　利用顶棚与结构层之间的空气间层,通过在外墙上开设通风口使内部空气流通,带走屋面传导下来的热量,起到降温的作用。

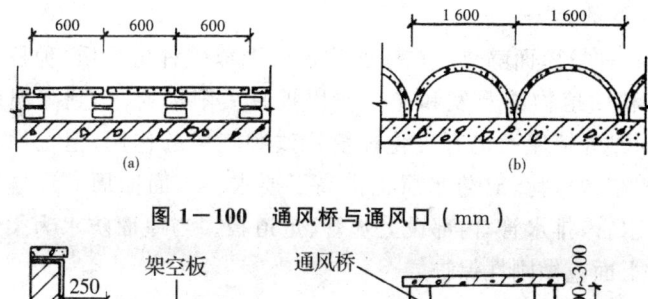

图1-100　通风桥与通风口(mm)

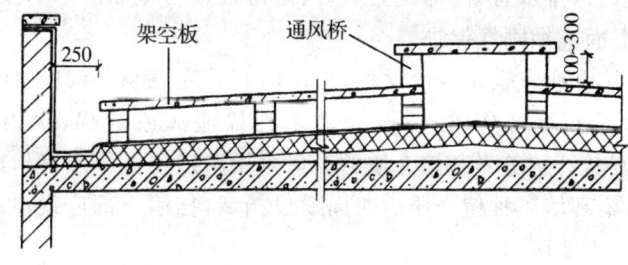

图1-101　通风桥与通风口(mm)

(2)屋顶蓄水隔热　屋顶蓄水隔热是在屋面上蓄存一层水,利用水的反射和吸热蒸发作用减少下部结构的吸热,降低对室内的热影响,以达到隔热降温的目的。

蓄水屋面分开敞式和封闭式两种做法，开敞式适用于南方，北方宜采用封闭式。但蓄水屋面不宜在寒冷地区、地震区和振动较大的建筑上使用。蓄水屋面应设排水管、溢水口和给水管。蓄水屋面的防水层应选择耐腐蚀性、耐穿刺性能好的材料，同时屋面上应设置人行通道。

（3）反射降温隔热　太阳辐射到屋面上，其能量一部分被吸收转化成热能对室内产生影响，一部分被反射到大气中，反射量与入射量之比称为反射率，反射率越高越有利于屋面降温。因此，可利用材料的颜色和光滑度提高屋顶面的反射率，以达到降温的目的。如屋面上采用浅色的砾石铺面时，在屋面上涂刷一层白色涂料或粘贴云母等，对隔热降温均有一定效果。但浅色表面会随着使用时间的延长、灰尘的增多而使反射效果逐渐降低。如果在架空通风层中加设一层铝箔反射层，其隔热效果更为显著，也减少了灰尘对反射层的污染。

（4）种植屋面隔热　在屋面防水层上覆盖种植介质，种植各种植物，利用植物的蒸发和光合作用吸收太阳辐射，达到降温的目的。同时种植屋面也有美化环境及改善气候的作用，但也增加了屋面的结构负荷，对防水层也提高了要求。屋面四周应设置围护墙、泄水管、排水管，内部设上水管、走道板。当屋面防水为柔性防水时，上面应做刚性保护层。

种植介质宜采用轻质材料，常用的有谷壳、蛭石、陶粒、泥炭等所谓的无土栽培介质，还有以聚苯乙烯泡沫或岩棉、聚丙烯腈(jīng)絮状纤维等做栽培介质的。也可用腐殖土做介质，但自重大且易污染环境。种植介质的四周要设挡墙，挡墙下部应设泄水孔，如图1－102所示。

七、坡屋顶

坡屋顶有许多优点，它利于挡风、排水、保温、隔热；构造简单、便于维修、用料方便，又可就地取材、因地制宜；造型上，大屋顶会产生庄重、威严、神圣、华美之感，一般坡屋顶会

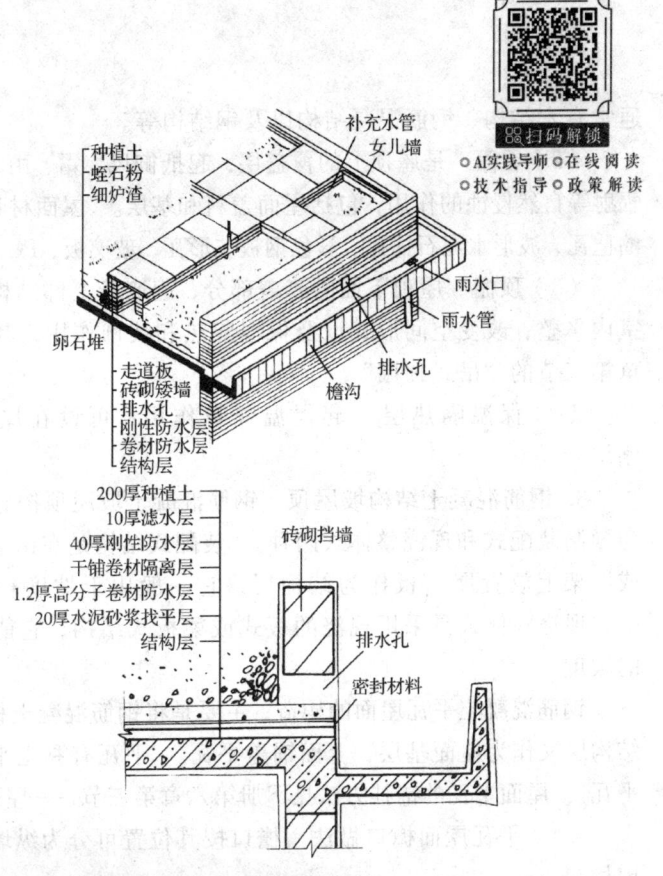

图1-102 种植屋面的构造（mm）

使人感到亲切、轻巧、灵活、秀丽。随着科学的发展，原来的木结构坡屋顶已被钢、钢筋混凝土结构所代替，在传统的坡屋顶上体现了新材料、新结构、新技术、新感觉；轻巧透明的玻璃、彩色的钢板代替了过去的瓦材；新的设计思想，如利用坡顶空间做成阁楼或局部错层，不仅增加了使用面积，也创造了一种新奇空间，经过再开拓创新，坡屋顶建筑将更具魅力，前景更加美好。

1. 坡屋顶的形式〔见本节前面的"（三）屋顶的类型"〕
2. 坡屋顶的组成及各组成部分的作用

（1）承重结构 主要承受屋面的各种荷载，并传给墙和柱，通常有木结构、钢筋混凝结构以及钢结构等。

（2）屋面　是屋顶上的覆盖层，起抵御风、霜、雨、雪、太阳辐射等自然侵蚀的作用，包括屋面盖料和基层。屋面材料有平瓦、油毡瓦、波形水泥石棉瓦、彩色钢板波形瓦、玻璃板、PC板等。

（3）顶棚　屋顶下面的遮盖部分，起遮蔽上部结构构件，使室内平整，改变空间形式以及保温隔热和装饰作用，其组成见本章第三节的"吊式顶棚"。

（4）保温隔热层　起保温隔热作用，可设在屋面层或顶棚层。

3. 钢筋混凝土结构坡屋顶　钢筋混凝土坡屋顶按施工方式分为预制装配式和现浇整体式两种。装配式结构是在山墙、屋面梁或屋架上放置屋面板作为结构层，它一般用于坡度较小的坡顶中；现浇整体式是采用现浇的板式或梁板式结构，它能形成较大的坡度。

钢筋混凝土平瓦屋面的构造，主要是将钢筋混凝土板，既作为结构层又作为屋面基层，上面铺盖平瓦。平瓦有黏土平瓦和水泥平瓦。屋面平瓦的铺挂方法见下册第六章第三节——屋面挂瓦。

（1）平瓦屋面檐口做法　檐口按其位置可分为纵墙檐口和山墙檐口。

①纵墙檐口　在纵墙檐口中，根据排水的要求可做成有组织排水和自由落水两种，如图1－103所示。

②山墙檐口　在山墙檐口中又分为山墙挑檐和山墙封檐。

a. 山墙挑檐　又叫悬山，可用钢筋混凝土板出挑，如图1－104（a）所示。平瓦在山墙檐边隔块锯成半块，用1∶2.5水泥砂浆抹出高80～100mm、宽100～120mm左右的封边，称为瓦出线或"封山压边"。

b. 山墙封檐　包括硬山和出山。硬山的做法是屋面和山墙平齐或挑一二皮砖，用水泥砂浆抹出线；山山是将山墙高出屋面，高度达500mm以上者可作封火墙，在山墙与屋面交接处做泛水,如图1－104(b)所示。

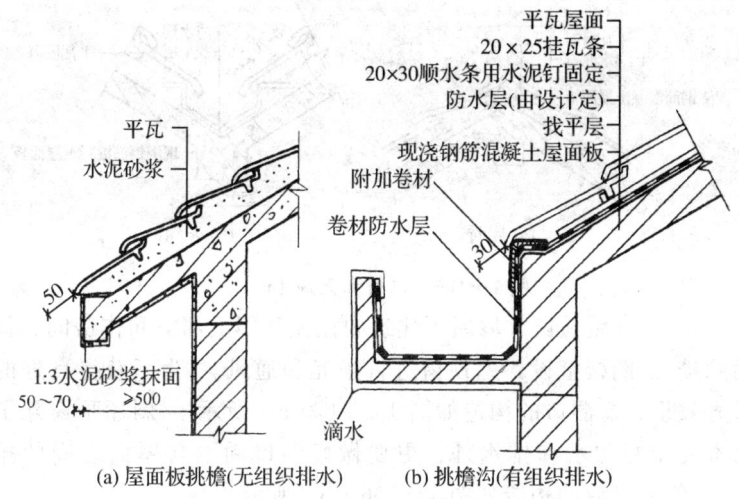

图1－103 纵墙檐口(mm)

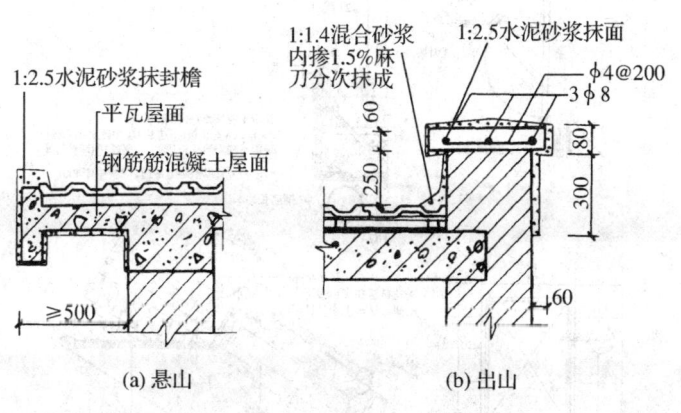

图1－104 山墙檐口(mm)

(2)屋脊和天沟 平瓦屋面的屋脊可用1:1:4＝水泥:石灰:砂子的混合砂浆铺贴脊瓦,如图1－105(a)所示。 天沟一般用镀锌铁皮制成,两边包钉在瓦下的木条上。 对于钢筋混凝土屋面板可在沟上做防水层,如图1—105(b)所示。

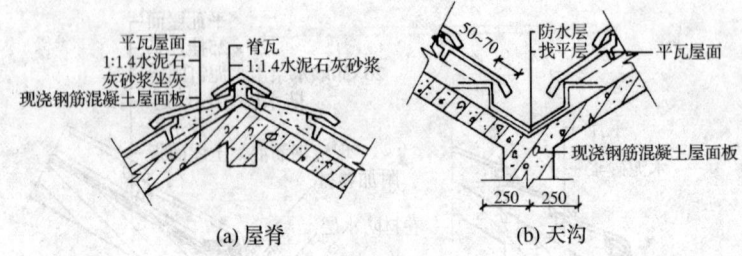

图1—105 屋脊和天沟(mm)

(3)斜屋顶窗 坡屋顶建筑中往往利用上部空间作房间,称为阁楼。阁楼上设斜屋顶窗进行采光和通风。为了获得良好的采光效果,窗洞口的构造如图1—106(a)所示。斜屋顶窗除了窗本身做好防水和排水外,更要做好洞口周围与屋面之间的排水。斜屋顶窗的构造如图1—106(b)所示。

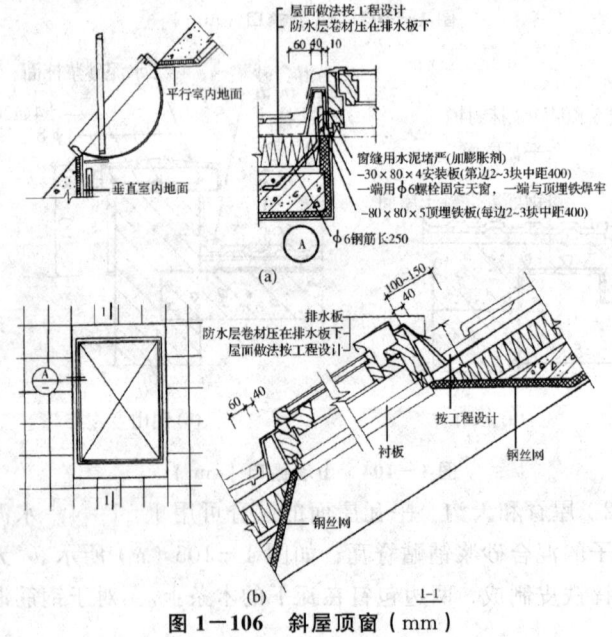

图1—106 斜屋顶窗(mm)

4. 金属结构坡屋顶 以型钢或铝合金作为承重结构，上面铺设压型屋顶板、金属瓦或各种采光板，具有质量轻、强度高、形美观、抗震性好、施工方便等优点。

（1）金属压型板屋面 金属压型板屋面是采用彩色涂层钢板、镀锌钢板、铝合金板等板材作为防水盖，铺设在钢结构骨架上，适用于体育馆、游泳馆、车站、航空港、展厅等大跨度建筑。

①压型板的铺设 金属压型板应根据板型和设计的配板图铺设。铺设时应先在檩条上安装固定支架，然后用螺栓、拉铆钉或自攻螺栓连接固定。板的铺设应采用错缝法，错开一到两波，以避免纵横重叠四块板的搭接。尽量采用长尺寸压型板，以减小接缝的长度。长向搭接处上下两块板均应伸至支架上，横向搭接应与主导风向一致。连接紧固件一般要设在波峰上，外露钉头或螺栓帽均需做防水处理。金属压型板屋面如图1-107所示。

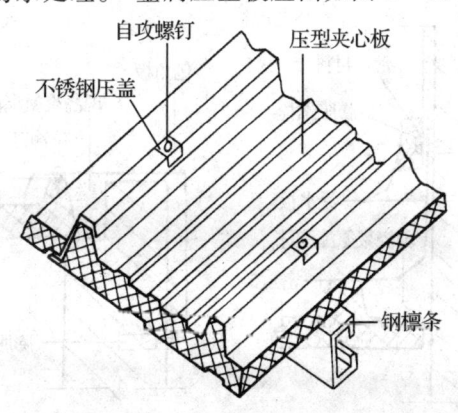

图1-107 金属压型板屋面

②金属压型屋面细部构造

a. 檐口与檐沟 其构造如图1—108所示。

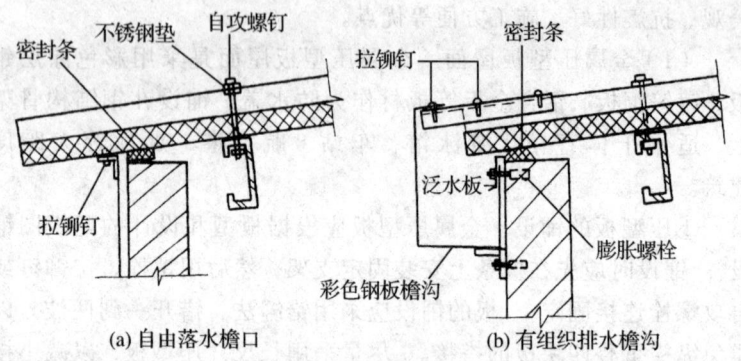

图1—108 金属压型屋面檐口与檐沟构造

b. 泛水 如图1—109所示。图1—109（a）为山墙处泛水；图1—109（b）为山墙不高出屋面时的包角板。

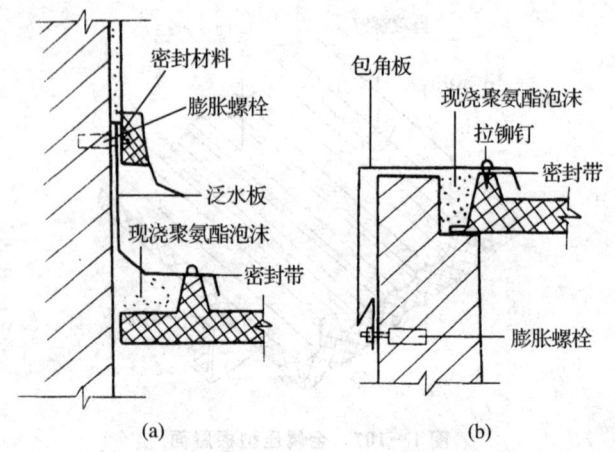

图1—109 金属压型屋面泛水构造

c. 屋脊　采用压型板屋脊板用铆钉固定，如图 1－110 所示。

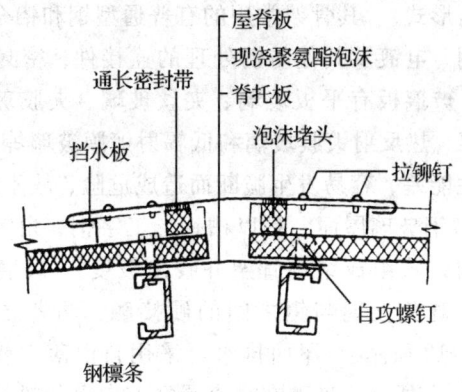

图 1－110　金属压型屋面屋脊构造

d. 压型板的搭接　如图 1－111 所示的为压型板的长向搭接，合理搭接后加密封带，再用铆钉固定。

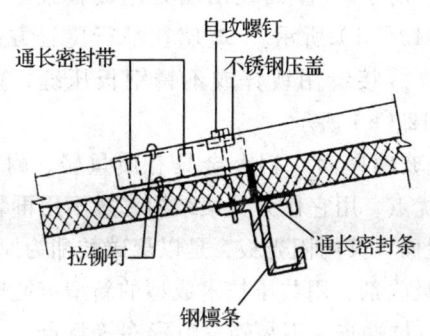

图 1－111　金属压型屋面板的搭接构造

（2）透光屋面　透光屋面既具有一般屋面的隔热、防水功能，又有透光的特点，在宾馆、商场、酒店、住宅、体育馆等建筑中都被广泛应用。各式各样新的透光材料的出现，弥补了以前屋面材料的不足，扩大了使用范围，改善了透光效果，已经成为新建筑的一种时尚。透光屋面按覆盖材料可分为玻璃屋面和 PC

板屋面等。

①玻璃屋面　主要以金属材料为承重骨架、玻璃板为覆盖材料的一种屋面形式。其骨架常用的有普通型钢和铝合金型材；连接件有不锈钢、电镀及其他防锈处理的连接件；密封材料一般用氯丁橡胶条；玻璃板有平板玻璃、夹丝玻璃、夹胶玻璃、中空玻璃、钢化玻璃、热反射镀膜玻璃和低辐射镀膜玻璃等。平板玻璃因其抗冲击性能差，容易发生脆断而造成危险，故不宜被采用。

a. 普通型钢玻璃屋面　是以槽钢、工字钢、角钢，采用焊接或螺栓连接的方式组成结构骨架并找出坡度。玻璃架设在型钢支架上，为了避免玻璃与钢之间的硬接触，两者之间加铺橡胶条，如图1-112所示。屋面排水可采用自由落水或檐沟排水，如图1-112（a）所示；玻璃在垂直屋脊方向上的拼接，采用上下搭接，并用扁钢卡钩挂牢，如图1-112（b）所示。屋面在屋脊处采用镀锌或不锈钢做其盖缝板，用螺栓固定在结构型钢上，如图1-112（c）所示。屋面在山墙处用镀锌或不锈钢板包角收头，如图1-112（d）所示。玻璃在平行屋脊方向上采用对接（一字型连接），接缝用镀锌或不锈钢板压缝，要盖压封闭固定，如图1-112（e）所示。

b. 铝合金玻璃屋面　铝合金具有质量轻、耐腐蚀、色泽美观、易加工等优点，用它作为骨架结构一般不用再装修。

②PC板屋面　又叫阳光板，是以聚碳酸酯为原料，掺入高聚物专用紫外线吸收剂，用共压技术成型的新型节能透光材料。具有高强、隔热、抗冲击、不易碎及色彩多等特点。其密度小，并有良好的阻燃性、易加工、可切割、钻孔、粘接，因此被广泛地应用于宾馆、游泳馆、体育馆等公共建筑的采光顶，也可用于出入口及采光通道的屋顶。PC板类型有实心板（耐力板）、中空板（卡布隆）及波形板3种，其颜色有透明、茶色、黄色、绿色、蓝色、湖蓝色及半透明白色、乳白色等。PC屋面可采用普通型钢、铝合金型材及木结构骨架，板的拼装中应用专用密封

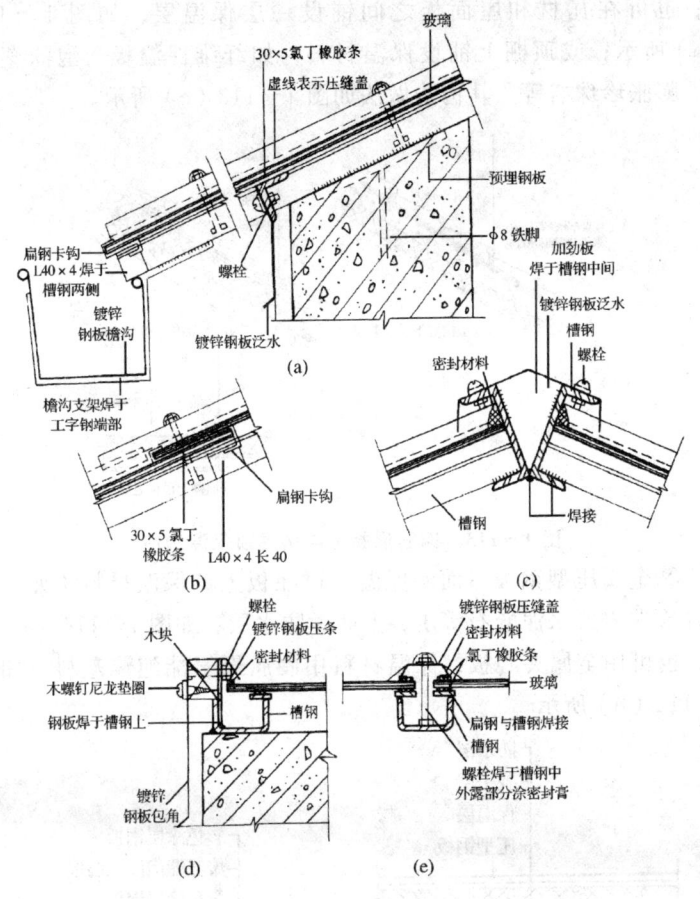

图 1—112 普通型钢玻璃屋面构造（mm）

条，并用硅酮胶做二次防水。以铝合金为骨架的 PC 板屋面细部构造与铝合金玻璃屋面相似。

5．坡屋顶的保温与隔热

（1）坡屋顶的保温

①钢筋混凝土结构坡屋顶的保温 通常是在屋面板下用聚合物砂浆粘贴聚苯乙烯泡沫塑料板保温层，如图 1—113（a）所

示;也可在瓦材和屋面板之间铺设一层保温层,如图1－113(b)所示;或顶棚上铺设保温材料,如纤维保温板、泡沫塑料板、膨胀珍珠岩等,其构造做法如图1－113(c)所示。

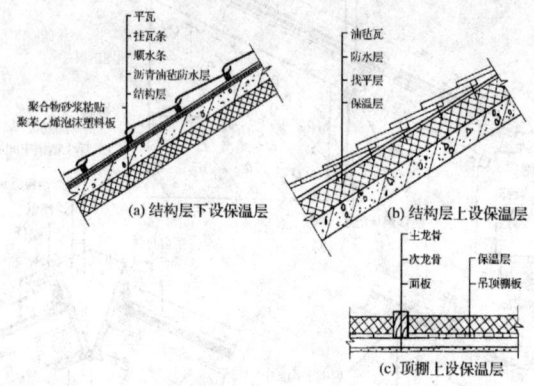

图1－113 钢筋混凝土结构屋顶保温构造

②金属压型钢板屋面的保温 可在板上铺保温材料(如乳化沥青珍珠岩或水泥蛭石等),上面做防水层,如图1－114(a)所示,也可用金属夹心板,保温材料用硬质聚氨酯泡沫塑料,如图1－114(b)所示。

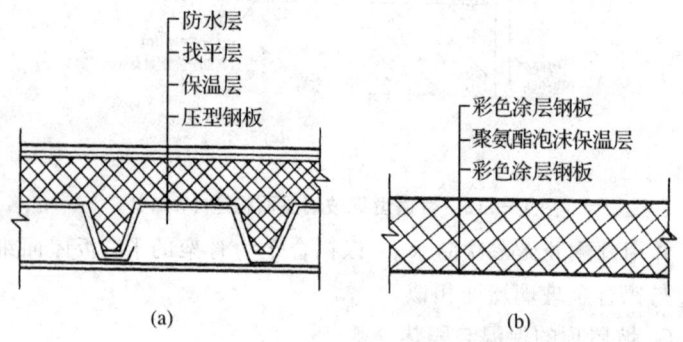

图1－114 金属压型钢板屋面保温

③采光屋顶的保温 可采用中空玻璃或PC中空板,以及用内外铝合金中间加保温塑料的新型保温型材做骨架。

（2）坡屋顶的隔热

①通风隔热 在结构层下做吊顶，并在山墙、檐口或屋脊等部位设通风口；也可在屋面上设老虎窗；或利用吊顶上部的大空间组织穿堂风，达到隔热效果，如图1—115所示。

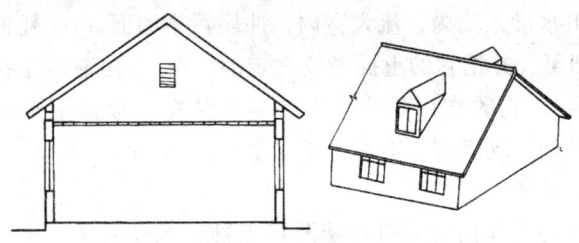

图1—115 通风隔热

②材料隔热 通过改变屋面材料的物理性能实现隔热。如提高金属屋面板的反射效率，采用低辐射镀膜玻璃、热反射玻璃等。

第七节 房屋建筑的其他结构

一、墙脚

墙脚〔可参考本章第五节中的（四）墙脚构造〕，包括勒脚、散水、明沟等部分。

（一）勒脚

勒脚是外墙接近室外地面处，在原清水墙墙身表面进行加厚处理的部分。它的作用一是保护接近地面的墙身不因地面水或房檐滴下的雨水浸蚀而受潮损坏；二是加固墙身，以防撞击使墙身受损，增加墙体的坚固性和耐久性；三是为了立面处理，可产生建筑物的美观感。

（二）散水

散水就是沿房屋外墙四周高于室外自然地面标高的地坪，又称护坡、排水坡。它的主要功能是排除墙根附近的雨水，避免浸泡墙身，渗入地基。

（三）明沟

明沟位于外墙四周，主要功能是有组织地将雨水排入下水道。

二、窗台

窗台分外窗台和内窗台。外窗台主要是为了不使窗上流淌下来的雨水渗入墙内，流入室内，冲刷污染墙面。一般伸出墙面60mm即可，并把它的上面做成一定的坡度。内窗台是在室内设置的窗台。它的作用是为了不使冬季从窗上流淌下来的冷水污染浸泡墙面，既美观又有利于卫生。

三、过梁

过梁是设在门窗洞口或墙洞口上部，承受墙体、楼板等重量的梁。它有砖砌过梁、钢筋砖过梁、钢筋混凝土过梁3种。

砖拱又叫砖碹。最常见的平拱、弧形拱、半圆拱，如图1—116所示。平拱又分为立砖拱、斜形拱和插子拱，如图1—117所示。

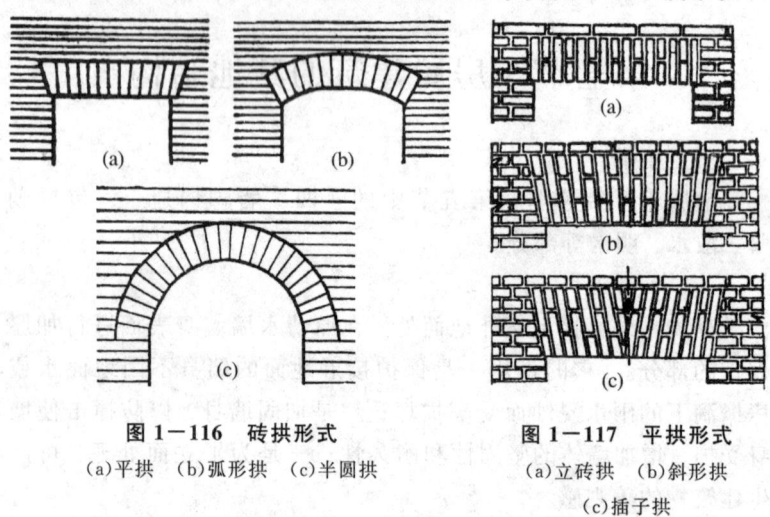

图1—116 砖拱形式
(a)平拱 (b)弧形拱 (c)半圆拱

图1—117 平拱形式
(a)立砖拱 (b)斜形拱
(c)插子拱

四、阳台

阳台是砌筑在房间外面供人们休息、晾晒衣物或放置一些体小体轻物品的平台部分。

五、雨罩

雨罩又叫雨篷、雨达。供遮光、挡雨用。

六、柱

砖柱又分为附墙砖柱和独立砖柱两种。

附墙砖柱与墙体连在一起,共同支承墙体以上传来的所有荷载,可增加墙体坚固耐久性。

独立砖柱单独承受上部楼层及屋盖传来的荷载,有方形、矩形、三角形和圆形等几种。

七、封山

当房屋山墙砌到檐口标高时,便可往上收砌山尖,进行封山。封山有平封山和高封山之分。平封山与屋面一平,高封山砌出屋面(即高出檐条面的山尖),如图1－118所示。高出屋面的部分,习惯上称之为女儿墙。

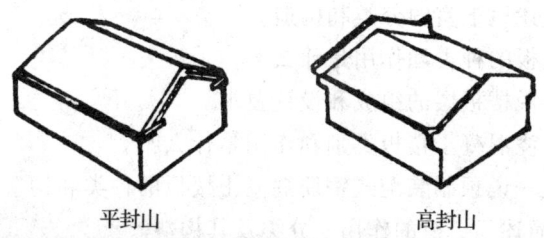

平封山　　　　　　高封山

图1－118　封山形式

八、挑檐和腰线

(一)挑檐

亦称拔檐。是墙砌到檐口处向外挑出的部分。它的作用是排出屋顶上下来的雨水,保护墙面不受雨水冲刷,增加建筑物的美观。

(二)腰线

是沿房屋外墙面的水平方向用砖挑出的装饰线条。多用丁砖挑出,也有用砖角斜砌挑出的三角状砖牙。主要是为增加美观感。如图1－119所示。

图 1—119　腰线

练习题

1. 何为建筑？房屋建筑分类是怎样划分的？
2. 房屋建筑是由哪些结构组成的？
3. 房屋建筑的基础有几种？它们的特点和作用是什么？
4. 地基和基础有什么区别？人工地基的做法是什么？
5. 试述地下室的分类和构造。
6. 楼板的种类和作用是什么？
7. 述说楼板层的组成和设计要求。
8. 现浇混凝土楼板类别和作用是什么？
9. 说一说预制装配式钢筋混凝土楼板的种类和构造、特点。
10. 简述门、窗的作用、分类及其构造。
11. 楼梯是由哪几部分组成的？
12. 楼梯的种类是怎样划分的？具体说说楼梯的类型。
13. 楼梯的细部构造有哪些？
14. 室外台阶和坡道的组成和特点是什么？
15. 电梯井道的作用都是什么？怎样检修？
16. 墙体有哪些作用？墙体的类别都是怎样划分的？
17. 墙体的设计要求都是什么？
18. 墙体防潮层有几种做法？
19. 说说变形缝的要求和做法。
20. 屋顶的功能作用是什么？

21. 屋顶的组成和类型是什么？

22. 屋面排水的形式有哪两种？

23. 屋面防水的原理是什么？

24. 屋面防水的等级和做法是什么？

25. 平屋顶有哪些构造？

26. 防水卷材有几种？

27. 怎样铺贴防水卷材？

28. 怎样做好平屋顶的保温？

29. 平屋顶隔热降温的构造做法有几种？

30. 坡屋顶有哪些特点？有几种形式？

31. 坡屋顶由哪几部分组成？其作用是什么？

32. 平瓦屋面檐口的做法是怎样要求的？

33. 透光屋面有什么特点？玻璃屋面和 PC 板屋面有什么区别？

34. 房屋建筑除上述的主要结构外，还有哪些结构？

35. 楼梯构造设计作业

建筑一栋五层办公楼，层高 3 300mm，楼梯间开间为 3 600mm，进深为 6 000mm，底层楼梯平台下做出入口，室内外高差 450mm，试设计一个平行双跑楼梯。

（1）设计要求　①根据上述条件，设计楼梯段长度、宽度、踏步数及其宽和高的尺寸。　②确定休息平台宽度、栏杆形式及尺寸、选择合理的结构支撑方式，写出计算过程。

（2）图纸要求

①用一张 2 号图纸绘制出顶层、底层、标准层的平面图及楼梯的剖面图，比例为 1∶50。

②绘制 2 个节点大样图，比例为 1∶10，反映出楼梯的各细部构造（包括踏步、栏杆、扶手等）。

③所有线条、材料图例都要符合现行规定的建筑制图标准的要求。

第二章 建筑识图常识

在建筑施工中,第一步是看图纸。建筑施工图纸是施工中的主要技术依据。要建筑一座建筑物,首先要有一套施工图纸及有关的标准图集;通过各种图纸、文字,说明该建筑物的规模、构造、尺寸和所需的各种材料。施工人员必须能看懂图纸,按照图纸中的数据和文字要求,才能做到心中有数,按图施工,保质保量地完成施工任务。

第一节 房屋建筑施工图的分类

一套房屋建筑图纸大体上分为总平面图、建筑施工图、结构施工图、设备施工图、装饰施工图。

一、图纸目录与总说明

图纸目录清楚地标明了每张图纸的序号、名称、内容等,表明该工程项目是由哪些图纸组成的,以便查阅。图纸编排多是全局性图纸在先,局部或细部在后。一般顺序为:总说明、总平面图、建筑施工图(平面图、立面图、剖面图、详图)、结构施工图、设备施工图(给排水、暖气通风、电器照明)、装饰施工图。

总说明的内容主要有:批准文号的设计依据(建筑规模、建筑面积、建筑造价、地质、水文、气象等);设计标准(建筑标准、结构荷载等级、照明标准、抗震要求、采暖通风要求等);施工技术要求;材料标准等。

二、总平面图的内容及用途

（一）总平面图的内容

总平面图能表明原有建筑和拟建建筑的外部轮廓及其关系。能反映出拟建建筑物的位置、平面形状、朝向、层数、绝对标高等。其主要内容有：

1. 表明建筑区的总体布局　如拨地范围，各建筑物的位置，建筑后的道路、水源、管网布置、电源、绿化等。

2. 确定平面位置　一般根据原有建筑或道路来定位，如住宅小区、厂矿企业、较大的公共建筑等，可采用坐标确定建筑物或道路位置。

3. 表明建筑物首层地面的绝对标高和室外的地坪标高。

（二）总平面图的用途

根据拟建建筑物的位置、地点、朝向及周围的环境设施（原有的道路、河流、建筑物、树木、林带及自然地形）等，可规划施工进料、构配件的放置场地，预制件场地，钢筋加工场地，搅拌机工作场地，塔吊安装位置，运输的出入道路等，又可作为新建房屋及构筑物的定位、放线、土方量的计算和施工的依据，如图2—1所示。

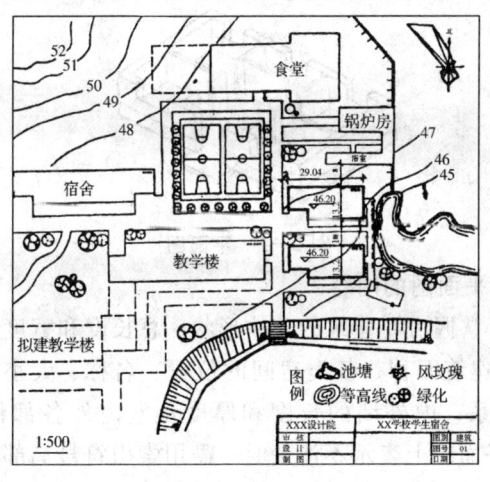

图2—1　总平面图

三、建筑施工图

建筑施工图主要包括平面图、立面图、剖面图和详图（亦称大样图）等。

（一）平面图

建筑平面图是沿着门窗洞口的水平方向把房屋切成上下两部分，移去上面部分，剩下切面以下部分的水平投影图形，如图2－2所示。按规律说，楼房建筑有几层，就应该画出几个平面图来。但是，如果上下各楼层的房间的多少、大小、位置及其他所有部件都完全一样，则可以用一个平面图来表示，即称为标准平面图。若各层的结构布局有不一之别，则须各层绘制各层的平面图。以底层楼平面图为例，如图2－3所示。

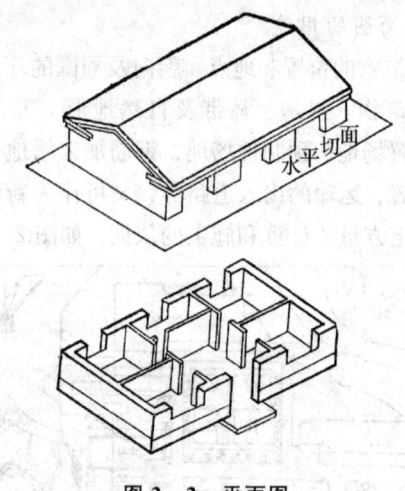

图 2－2 平面图

1. 建筑平面图的内容

（1）可掌握房屋建筑的总体形状、总长度和宽度、总占地面积和实际的建筑面积，各类房间的位置、名称、大小、构造、形状和相互关系，内外墙的长度和厚度及室内外各部件的具体尺寸。如在平面图上表示不清楚时，需用索引符号局部放大进行表示说明。

(2)可知道门窗的位置、规格、型号、材料和开启方式。在平面图上,一般情况下,门应用 M 表示,窗用 C 表示。

(3)可了解室内外各类房间、各种设施、各结构部件的位置、形状、大小、形式、标高等。如:厨房、卫生间、洗浴间、客厅、寝室等位置出入口,楼梯、阳台的位置和形式,每层楼梯分几段、每段多少踏步,散水、明沟、花坛围墙的设置等。

(4)还可以从需要的地方画出剖面图、详图的位置和编号。

2. 建筑平面图的用途　它是施工放线、备料、墙体砌筑、门窗安装、室内装修、屋顶处理及编制预算的主要依据,如图 2-3 所示。

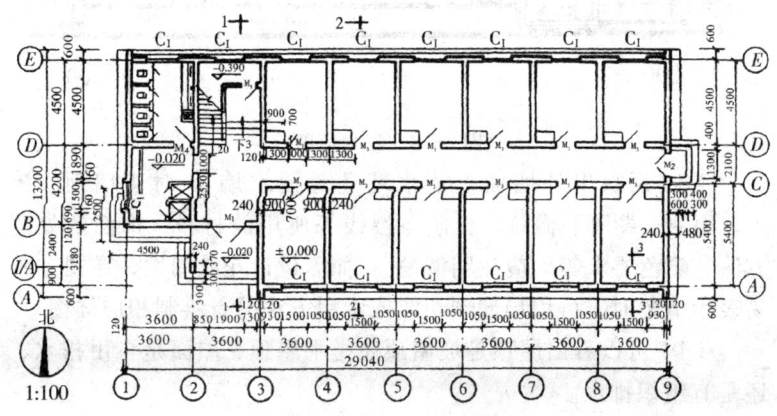

图 2-3　底层平面图(mm)

(二)立面图

立面图是表示房屋建筑的整体外貌特征的,一般分为正立面图(即南立面图)、背立面图(即北立面图)和侧立面图(即东立面图和西立面图)。现以正立面图为例加以说明,如图 2-4 所示。

1. 建筑立面图的内容

(1)从立面图中可以看出房屋建筑的整个外貌形状,可以了解屋面、门窗、阳台、雨罩、台阶、勒脚、檐口及花池等细部的形式和位置。

（2）在立面图上，一般只注写标高而不注写其他大小尺寸。通常注写房屋的总高度、门窗高度及室外地坪、出入口地面、勒脚、窗台、檐口等处的高度。

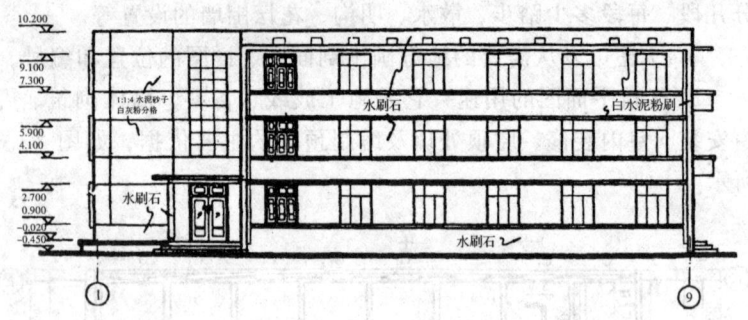

图 2－4　正立面图

（3）反映出外墙面是清水墙还是混水墙。对于墙面、阳台、雨罩、勒脚、檐口、台阶、腰线等所用的材料、饰面的处理方法、颜色要求等均应注明清楚。如需设计花纹图案，在图上不易表示清楚时，可用局部剖切线或索引方法另行绘制相应详图。

（4）可以看出屋顶是坡屋顶还是平屋顶，屋面是自由排水，还是有组织排水。

（5）为了使图形清晰、层次分明、重点突出，通常选用不同的线条表示。一般用粗实线表示外轮廓线；用中粗实线表示窗台、阳台、勒脚、檐口、雨罩、台阶等；用细实线表示栏杆、墙面分隔和门窗扇；用特粗实线表示地坪线。如图2－4所示。

2. 建筑立面图的用途　既能反映建筑物的外貌，又能明确室外装饰的做法。

（三）剖面图

用一个垂直于地面的平面把一栋房屋切开，移开一侧，观察另一侧所看到的房屋内部的构造情况图就是剖面图。因剖切的位置不同,可分为横剖面图和纵剖面图,如图2-5所示。

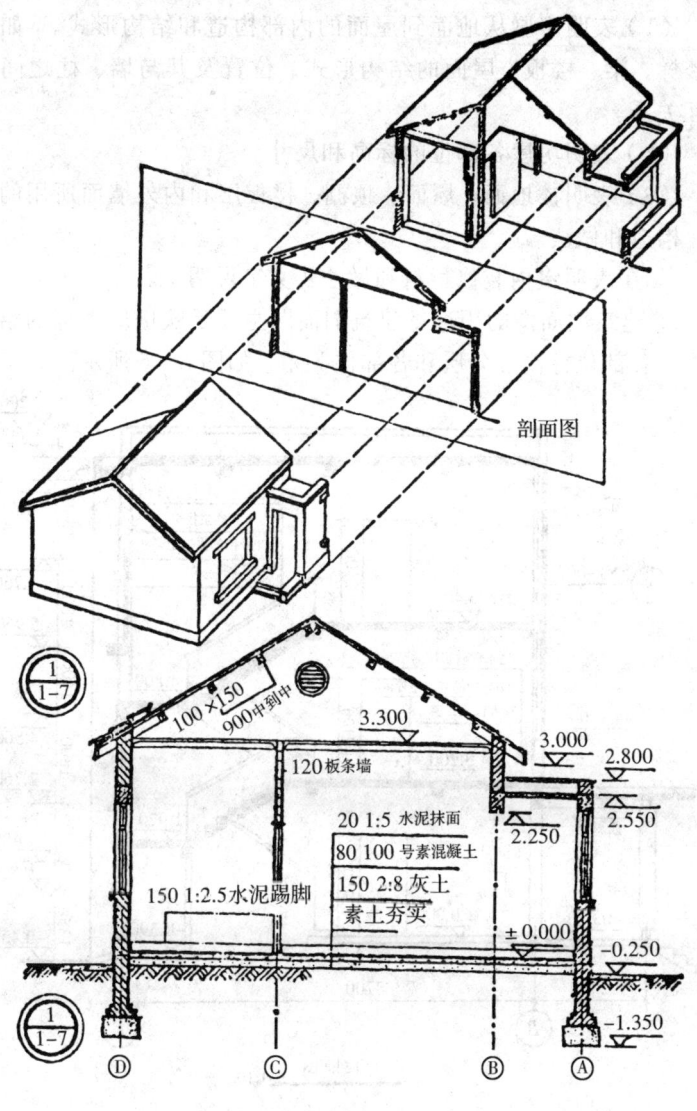

图2-5 剖面图(mm)

1. 建筑剖面图的内容

(1) 表明房屋从地面到屋面的内部构造和结构形式。如各层楼梯、梁、楼板、屋面的结构形式、位置及其与墙、柱之间的相互关系。

(2) 表明房屋各部位的标高和尺寸。

(3) 表明楼地面、屋面、顶棚、楼板层和内外墙面所用的材料、构造和做法。

(4) 表明室内装修材料和做法（文字说明）。

2. 建筑剖面图的用途 建筑剖面图主要反映房屋内部的结构形式、各部位标高、分层和各部位关系，如图2-6所示。

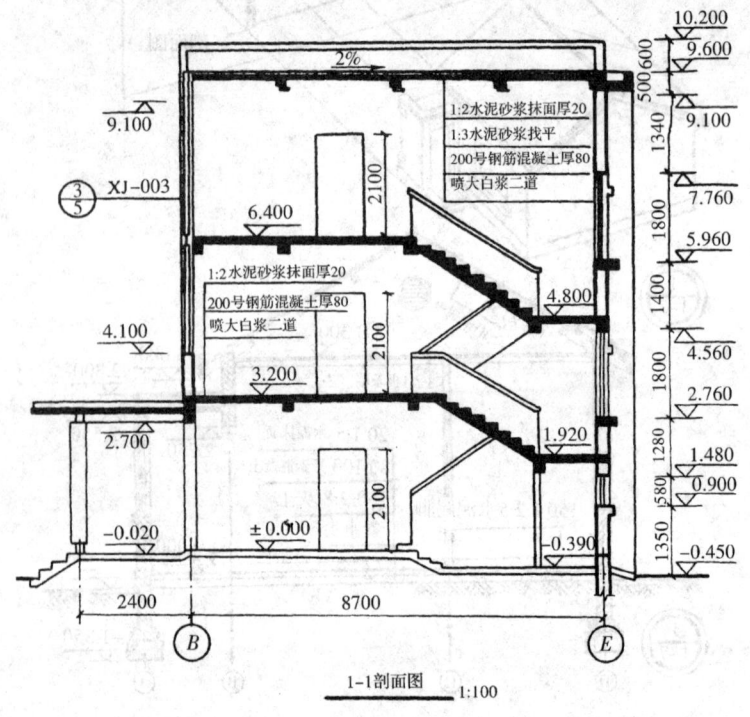

图2-6 建筑剖面图（mm）

(四)详图

由于平面图、立面图和剖面图的比例较小,无法将房屋的细部构造表示清楚,因此,需要用比较大的若干详细的图纸,把它们绘制得一清二楚,以满足施工的要求,这些形状有异、大小不一,但详细、清楚的图纸就是详图,又称大样图。

详图有建筑详图和结构详图之分。建筑详图又有基础详图、墙身剖面详图、门窗详图、檐口详图、楼梯详图和装修详图等,如图2-7和图2-8所示。

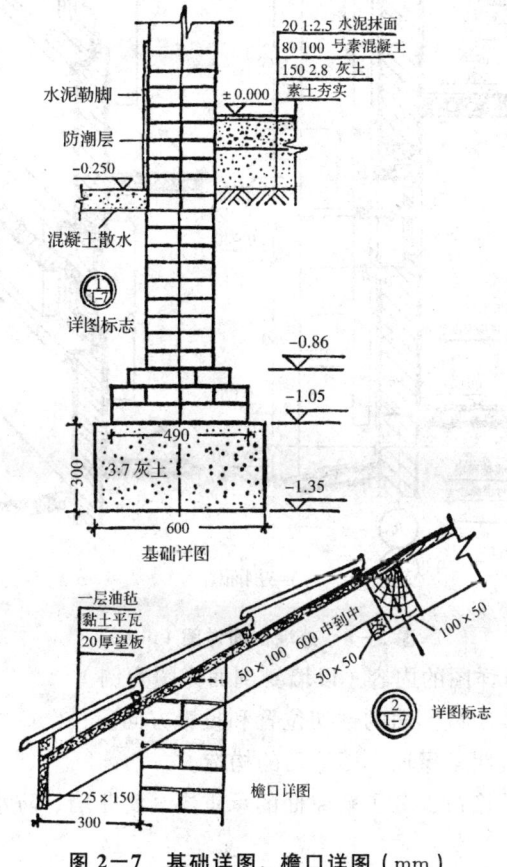

图 2-7 基础详图、檐口详图(mm)

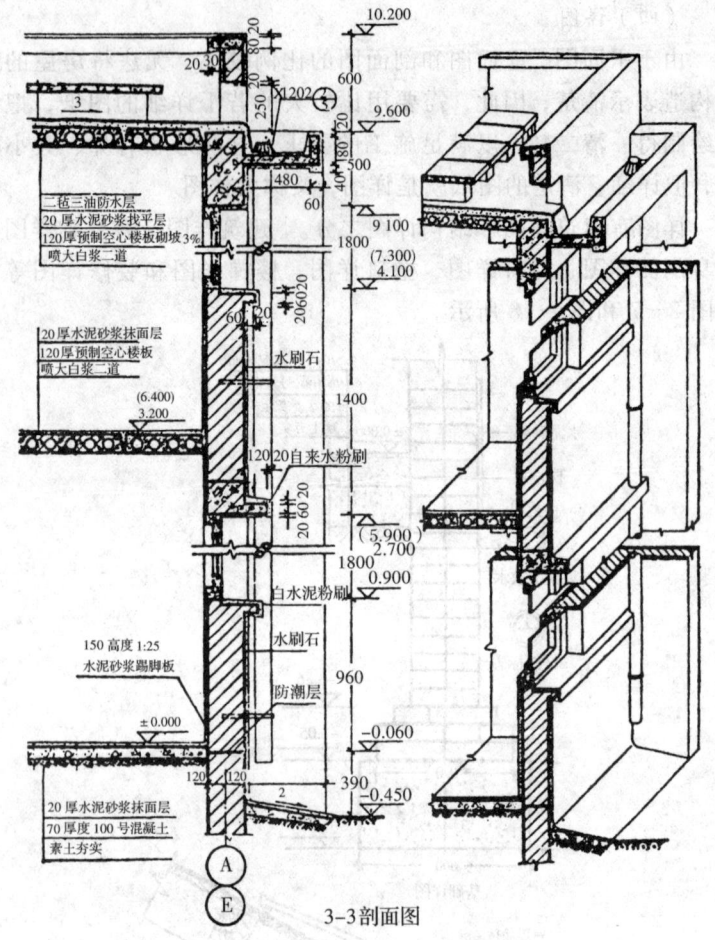

图 2—8 外墙剖面详图（mm）

1. 建筑详图的内容（以墙身剖面详图为例）

（1）表明该剖面的剖切位置和投影方向。

（2）表明了屋面、楼地面的构造。

（3）从檐口部分了解屋面的承重层、女儿墙、防水和排水的构造。

（4）从楼板与墙身的联结，了解各层楼板的搁置方向、与墙身的关系。

（5）从勒脚部分可了解外墙的防潮、防水和排水的做法。

（6）可了解窗台、窗过梁和圈梁的构造情况。

（7）可了解到墙身内外立面的装饰做法、尺寸和所用的材料等（图中有的标高处注写两个或几个尺寸，其中带括号的数字表示高一层或其他层的标高）。

2. 墙身剖面详图的用途　该图与建筑平面图配合，可作为砌墙、立门窗口、室内外粉刷、装饰、材料计划、编制预算等项目的重要依据，如图2-8所示。

四、结构施工图

结构施工图是反映建筑承重系统的布置，构件的类型、位置、尺寸和细部构造的图样。结构施工图的内容有：设计依据、结构造型、建筑材料及其施工要求、结构设计及其施工说明，基础平面、楼层平面、屋顶平面的结构构件平面布置图，表示过梁、楼板、砖柱等各种承重结构构件的型号以及内部构造的结构构件的详图，是结构施工操作的重要依据。

五、设备施工图

设备施工图包括给排水施工图、暖气通风施工图和电器照明施工图。

（一）给排水施工图

表示上、下水管道的布置、走向，卫生设备的布置、构造、安装及其具体要求。包括平面图、系统图、详图等。

（二）暖气通风施工图

表示建筑物内的暖气通风管道及其设备的布置、构造安装等。包括平面图、系统图、详图等。

（三）电气照明施工图

表示电气线路的布置与走向、电气设备的安装要求等，分为强电和弱电两部分，包括平面图、系统图、接线原理图和安装详图等。

六、装饰施工图

装饰施工图是在建筑设计的基础上对室内地面、各处墙面及天棚等进行完全处理和进一步装饰美化的设计图样。它包括平面布置图、地面与天棚平面图、墙面展开图、墙面装饰图以及家具、陈设、装饰构造详图等。

第二节 投影原理与视图

投影，光学上指在光线的照射下，物体的影子投射到一个面上；数学上指图形的影子投射到一个面或一条线上；也就是说光线将物体的形状投射到一个面上去，被称为投影。在这个面上所得到的图形或影子，也称为投影。

一、投影原理

建筑工程中所用的图就是根据光线投射成影的原理绘制出来的。比如一个小炕桌，在阳光或灯光的照射下；在地面上就会得到小炕桌的影子。这个影子就叫投影；得到这个影子的平面就叫投影面；投下这个影子的光线叫作投影线；投影线是从一个光点发出的叫中心投影，这个光点就叫投影中心；如果投影线不是从一个点发出，而是相互平行地发射出来的，就叫平行投影；若投影线与投影面是垂直的称为正投影，倾斜而不垂直的称为斜投影。在实际的建筑工程制图中，基本是采用正投影方法进行制图的，如图2-9所示。

二、三面正投影图

一栋房屋，一种构件，其实它们的形体既有长和宽，又有高。那么如何才能真实地把形体的长、宽、高，形状的大小，在这张只有长度和宽度的图纸上表现出来呢？这就需要我们采用正投影法解决这个难题。

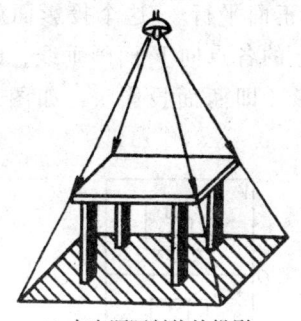
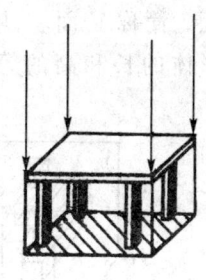

(a) 点光源照射物的投影　　(b) 平行光垂直照射物体的投影

图 2-9　物体的投影

（一）形体的单面投影

我们取来几块模型块，为了反映模型块的顶面和底面的实形，我们在模型块的下面放一个水平投影面 H，使它与模型块底面平行。简称 H 面，模型块（即形体）在这个 H 面上的投影称为水平投影，简称 H 投影，如图 2-10 所示。然而，从这个水平投影图上，只反映了模型块的长度和宽度，不反映它的高度。所以说，形体的一个投影（即单面投影）不能确切地反映出形体在空间的形状和大小。

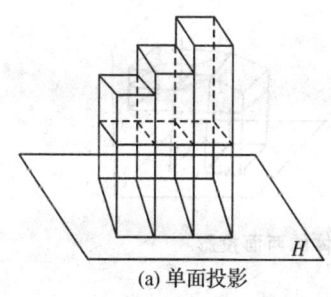
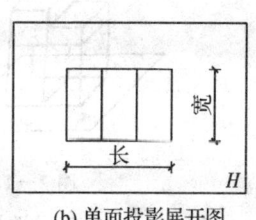

(a) 单面投影　　　　　　　(b) 单面投影展开图

图 2-10　单面投影

（二）形体的两面投影

为了克服单面投影的不足，达到确切反映形体在空间的形状和大小，在单面投影的基础上，我们增设一个 V 投影面，使它与

H面垂直，与长方形（模型块）正面平行。这个投影面就是正立投影面，简称V面。从形体上的各点向V面画垂线，即可得到反映形体的长和高的第二投影（即两面投影），如图2－11所示。

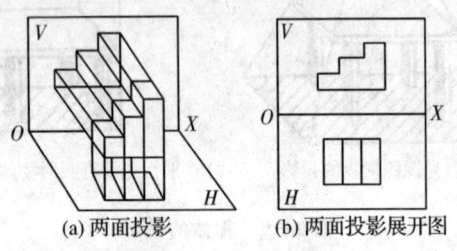

(a) 两面投影　　　　　(b) 两面投影展开图

图2－11　两面投影

这两个投影面H面和V面的交线称作投影轴，用OX表示，简称X轴。为了把形体的H面投影和V面投影表达在同一个平面上，可将空间的形体移开，使V面不动，将H面围绕OX轴向下转动$90°$，就形成了形体的两面投影展开图，如图2－11所示。有的形体用两面投影就可把形体的形状和大小确切地反映出来；但也有的还是不能表示出来，如图2－12所示。

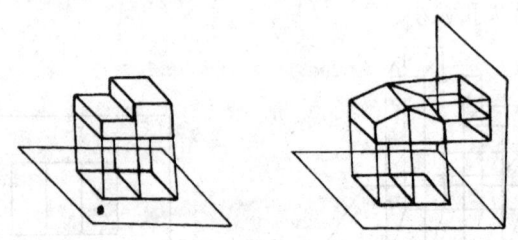

图2－12　不同形体的两面投影

（三）形体的三面投影

为了弥补单面投影和两面投影的缺点和不足，把形体的正面、侧面和顶面的形状能全面地反映出来，光有H面和V面还不够，还需要增加一个侧立投影面——W面，使它分别垂直于H面和V面，组成一个$V-H-W$三投影面体系。W面与V面的交

线用 OZ 表示，简称 Z 轴；W 面与 H 面的交线用 OY 表示，简称 Y 轴。X、Y、Z 三个轴线分别表示形体的长、宽、高三个方向的尺寸，三轴的交点 O 即为原点，如图 2-13 所示。

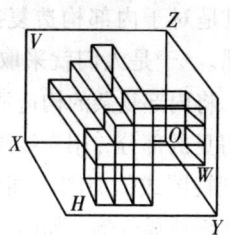

图 2-13 三面投影

为了能把 3 个投影面上所得到的投影画在同一个平面上，则需要把 3 个互相垂直的投影面展开，即 V 面不动，将 H 面绕 OX 轴向下转 90°，W 面绕 OZ 轴向右转 90°，使这两个面与 V 面展示于一个平面上，如图 2-14 所示。

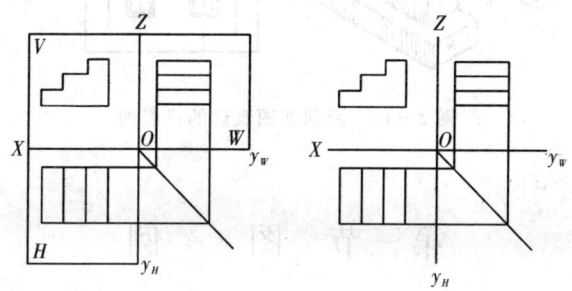

图 2-14 三面投影的展开图

三、视图与剖视图

（一）视图

视图是在不同方位看到的某一形体在投影平面上投影后所得到的图形，如图 2-13 所示。从物体的正面看，得到的是正视图；从侧面看得到的是侧视图；从上面往下看，得到的是俯视图。这些投影在立面的正视图和侧视图叫立面图，也叫东西立面图或南北立面图。在水平面上投影得到的俯视图叫平面图。通常用三视图即可基本上能反映出该物体的形状和特征。

（二）剖面与剖视图

在画建筑物的投影图时，按正规的画图要求，那些不可见的轮廓线应该用虚线表示。但是对于内部构造复杂的建筑物是很难实现的，并且很容易出现差错。于是人们就采取用一个平面在适合的位置将建筑物切开的办法，将内部复杂的构造清楚地显露出来，使那些不可见的部分变成了看得见的部分，用实线画出内部构造在这个平面上的投影图，并称之为剖视图或剖面图。根据实际需要既可进行全剖或半剖，又可进行阶梯剖或局部剖，如图2-15所示。

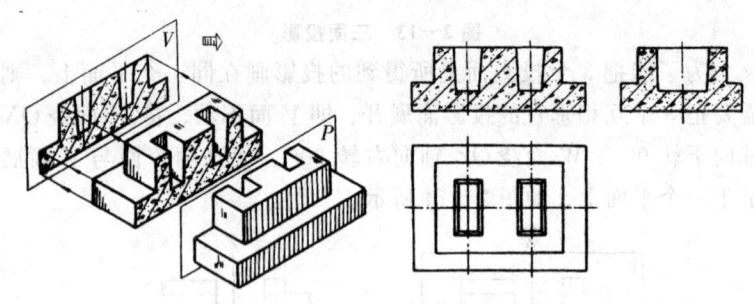

图2-15 用剖面图表达的投影图

第三节 图 例

建筑工程图是工程技术设计部门对工程设计的意图、施工方法、施工要求的语言表述；是工程施工人员进行施工操作、购置材料、场地规划的重要依据。

为了看懂建筑图纸，必须通晓图纸中的图例，现将统一规定的有关规定介绍如下：

一、图纸上的线条

在建筑图纸中，线条的种类有定位轴线、中心线、尺寸线、剖切线、引出线、点划线、折断线、波浪线、实线、虚线等。其部分线条的表示符号，如图 2-16 所示。

实线 ————————
点划线 —·—·—·—·—
虚线 - - - - - - -
折断线 —/—/—
波浪线 ～～～～
尺寸线 —×————×—

图 2-16　线条表示型号

（一）定位轴线

定位轴线是表示建筑物的主要结构或构件的位置，并作为标志尺寸的基线，用点划线表示。定位轴线都有规定的编号，在水平方向采用阿拉伯数字，由左向右标注；在垂直方向用大写的汉语拼音字母，自下而上标注；轴线编号，一般都标注在图的下方及左侧，如图 2-17 所示。

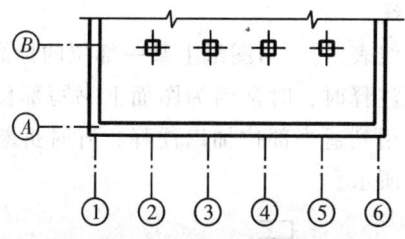

图 2-17　轴线编号

（二）中心线及对称符号

中心线用细点划线表示，它表示建筑物或构件的中心位置。中心线两边的图形和构造如果是对称的，在绘图时对称部分可以省略不必绘制，对称符号的表示方法如图 2-18 所示。其中点划线就是中心线。

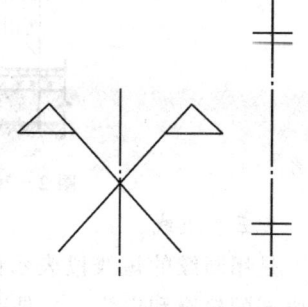

图 2-18　对称符号表示法

（三）尺寸线

是用来表示各部位的实际尺寸，用横线（与图面轮廓线相平行的线）、竖线（与图面轮廓线相垂直的线）、短斜线（与横、竖线成45°的线）所组成。竖线表示界线，横线表示间距，短斜线表示横线的起止点，如图2—19所示。

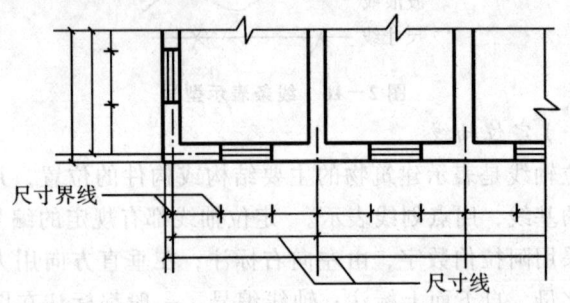

图 2—19　尺寸线表示法

（四）引出线

通常用细实线表示。当图纸上某一部位的标高、尺寸、做法等文字说明需要注释时，时常因为图面上书写部位尺寸有限，才用引出线把文字引到适当部位加以注释，有时折断线与之同时引出，如图2—20所示。

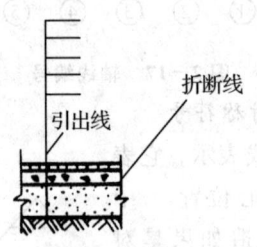

图 2—20　引出线表示法

（五）虚线

是用断续的短线段表示的。一是表示建筑物看不见的背面和内部的轮廓和界线；二是表示设备（如锅炉、顶棚检查孔、柱坑等）所在位置的轮廓，如图 2-21 所示。

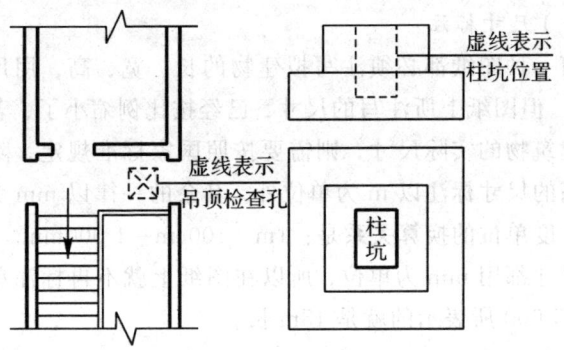

图 2-21 虚线表示法

（六）剖切线

是表示剖切面的剖切位置和剖切方向的，一般用粗实线表示。编号则根据剖视方向注写于剖切线的一侧，如图 2-22 中的"3-3"剖切线表示向编号"3"的一侧去看建筑物垂直剖切的情况。"1-1"、"2-2"剖切线的表示与"3-3"同理。

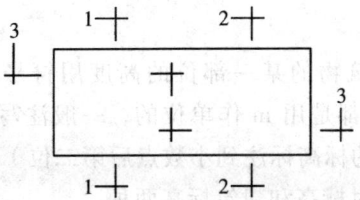

图 2-22 剖切线表示法

（七）折断线

通常也用细实线绘制。折断线是为了少占图纸，用折断线表示可以省略不画的不必要的部分，如图 2-23 所示。

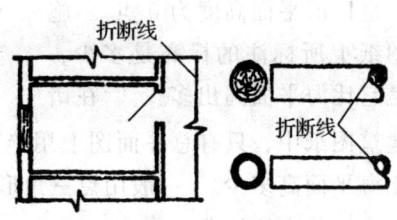

图 2-23 折断线表示法

二、尺寸和比例

（一）尺寸标注

任何一种图纸都必须注写拟建物的长、宽、高，用尺寸表示其大小。但图纸上所注写的尺寸，已经按比例缩小了，若在图纸上注明建筑物的实际尺寸，则需要按照国家标准规定，除总平面图及标高的尺寸标注以 m 为单位外，其余的一律以 mm 为单位。公制的长度单位的换算关系是：1m＝100cm＝1 000mm。因为图纸上的尺寸都用 mm 为单位，所以在图纸上就不再标注单位名称了，如 15 000 所表示的就是 15m 长。

（二）比例

就是把建筑物中比较大的实际尺寸，缩小若干倍后再绘制到设计图纸上，我们把这种缩小的倍数，叫作"比例"。在图纸上用 1cm 长（10mm）代表实际的 100cm（1 000mm）长，就是 1∶100 的比例。如果用 1∶100 的比例绘图，70m 长的房屋绘制在图纸上就只有 70cm 长了。一般图纸上常用的比例有 1∶10、1∶20、1∶50、1∶100、1∶200 等。

三、标高

对地面或建筑物的某一部位的高度用符号进行表示就是标高。标高的尺寸都是用 m 作单位的，一般注写到小数点后第三位（总平面图中的标高标注到小数点后第二位）。施工图中标高的表示方法有绝对标高和建筑标高两种。

（一）绝对标高

是以海平面高度为 0 点。施工图纸上所标注的标高是多少，就是它比海平面高出多少。在诸

图 2-24 总平面的标高

多建筑图纸中，只有总平面图上用绝对标高，表示建筑物的第一层比海平面高多少。一般用黑三角形表示，如图 2-24 所示。

（二）建筑标高

在建筑施工图纸中，除总平面图纸外，表示建筑物各部分高

度的其他图纸，均以首层地面高度作为 0 点来计算的（在图纸上把它写作±0.000）。比 0 点高的部分只用高出的数字来表示，数字前面不加其他符号，比 0 点低的部分的数字前面必须加注"－"号，如：－1.000、－3.500，如图 2－25 所示。详图中，要同时表示几个不同的标高时，可标注于同一个图例上，如图 2－26 所示。

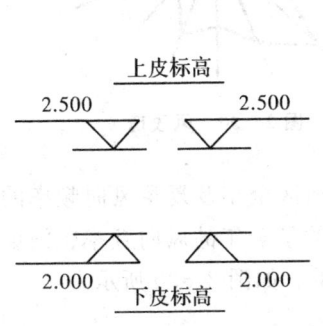

图 2－25 标高表示法

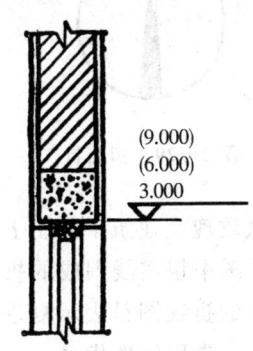

图 2－26 几个不同标高表示法

四、索引符号与详图符号

索引符号就是表示图中的某一部分另有详图或标准图，如图 2－27 所示。而详图符号是表示详图的编号，如图 2－28 所示。

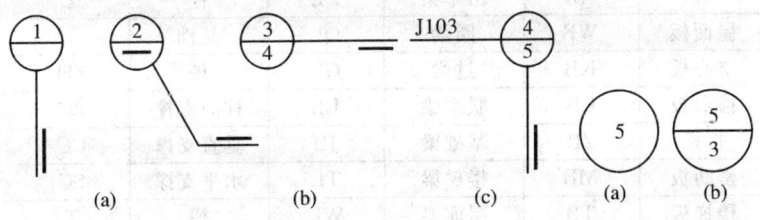

图 2－27 剖面详图索引符号　　图 2－28 详图符号

五、指北针与风玫瑰

一般绘在总平面图和首层平面图上，用来表示建筑物朝向的标志符号，即为指北针，如图2—29所示。

图2—29 指北针

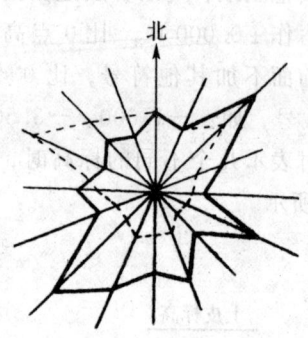

图2—30 风玫瑰

风玫瑰在建筑平面图上是表示该地区全年及夏季风向频率的标志，图中粗实线围成的折线图表示的是全年的风向频率，细虚线围成的折线图是表示夏季风向频率的，如图2—30所示。

六、常用构件代号

在房屋建筑的结构施工图中，为了书写的简便，常把如梁、板、柱等各种构件用汉语拼音字母来表示，常用的构件代号详见表2—1。

表2—1 常用构件代号

构件名称	代号	构件名称	代号	构件名称	代号
板	B	吊车梁	DL	柱	Z
屋面板	WB	圈梁	QL	基础	J
空心板	KB	过梁	GL	桩	ZH
槽形板	CB	联系梁	LL	柱间支撑	ZC
折板	ZB	基础梁	JL	垂直支撑	CC
密肋板	MB	楼梯梁	TL	水平支撑	SC
楼梯板	TB	屋面梁	WL	梯	T
天沟板	TGB	屋架	WJ	雨篷	YP
檐口板	YB	天窗架	TJ	阳台	YT
墙板	QB	框架	KJ	梁垫	LD
梁	L	钢架	GJ	埋件	M

七、常用的图例

常用的图例符号，见表 2—2。

表 2—2 常用图例符号

名称	图例	名称	图例	名称	图例
单扇门（包括平开或单面弹簧）		单层固定窗		空心砖	
				混凝土	
双扇门（包括平开或单弹簧）		单层中悬窗		钢筋混凝土	
				自然土壤	
				夯实土壤	
单扇双面弹簧门		单层外开平开窗		楼梯	
				网状材料	
墙外双扇推拉门		单层内开平开窗		木材 (1)(2)(3)(4)	
				洗脸盆	
				浴盆	
转门		检查孔 (1)(2)		污水池	
		孔洞		地漏	
		坑槽		封闭式电梯	

续表

名称	图例	名称	图例	名称	图例
空门洞		墙顶留洞		室内消火栓	
		烟道		配电盘	
		通风道		普通砖	

练习题

1. 房屋建筑施工图由哪几部分组成？其主要内容是什么？
2. 试述投影法的分类及三面投影图的形成。
3. 简述建筑施工图的线条有哪些？各有什么用途？
4. 什么是定位轴线？
5. 索引符号与详图符号的作用是什么？
6. 何为风玫瑰？
7. 建筑施工图上的尺寸如何标注？采用什么单位？
8. 施工图上的标高是怎样标注的？采用什么单位？
9. 建筑平面图都有哪些内容？其作用是什么？
10. 建筑立面图有哪些内容？其作用是什么？
11. 建筑剖面图有哪些内容？其作用是什么？
12. 建筑详图有哪些内容？举例说明。
13. 结构施工图和设备施工图各包括哪些内容？

第三章 建筑施工材料

若使新建造的房屋坚固耐久,既经济合理,又合乎使用要求,关键取决于选择优质材料,合理地使用材料。建筑材料是房屋建筑的物质基础。因此,掌握本工种常用的建筑材料的性能、质量、规格尤为重要。

第一节 砌筑用料

房屋的基础部分除了承担上部结构的全部荷载外,还要埋在地下,受地下水的侵蚀,处于北方寒冷地区的房屋建筑,还要经受严寒冻融作用。所以,砌筑房屋基础必须选择坚固耐久、不怕水浸、不怕冻融的优质材料。基础材料主要有普通粘土砖、混凝土、灰土、三合土和石材等。

一、基础用料

(一)普通黏土砖

普通黏土砖(标准砖)是以黏土为主要原料,经人工或机械搅拌、成型的砖。其中用手工木模成型的称为手工砖;用机械挤压成型的称为机制砖。成型土块叫砖坯,砖坯经过风干后装入窑内在900℃~1 000℃高温煅烧后即成为砖。如果煅烧后直接冷却降温出窑的叫红砖;如果煅烧后从窑顶徐徐渗水降温,使砖内氧化铁还原,再加上渗铁和炭粉作用后即成为青砖。青砖的特点比红砖耐碱,耐久性强。

普通黏土砖是建筑工程中用得最多的一种砖,尤其在农村,它是承重墙体的主要材料,也广泛用于非承重填充墙。一块普通黏土砖的长为240mm、宽为115mm、厚53mm。它有6个面：两个大面（240mm×115mm）、两个条面（240mm×53mm）、两个顶面（115mm×53mm），如图3－1所示。在砌筑中根据需要，可把砖打砍成七分头（亦称六寸）、半砖、二寸头、二寸条，如图3－2所示。砌墙的砖，由于砌放的位置不同，又有卧砖（顺砖或眠砖）、陡砖、立砖和顶砖之分，如图3－3所示。

国家为了节约土地资源，已限制普遍黏土砖的使用，替而代之的是各种新材料制成的砌块，如煤砖、石多孔砖、陶粒混凝土、叶页等材料制成的多孔砖或空心砖。

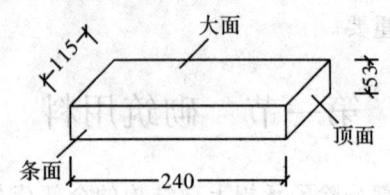

图3－1 标准砖各面的叫法

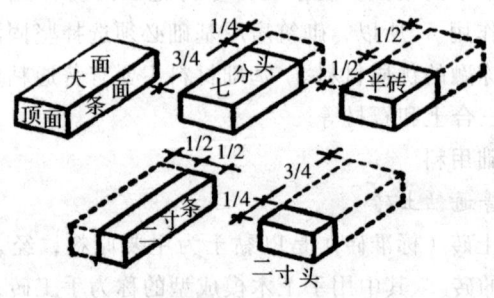

图3－2 砖块图

（二）灰土

灰土是熟石灰粉和黏土按照3∶7或2∶8的比例加入适量的水拌和均匀而成。拌和灰土的石灰要在前一天或两天就应该浇水，将石灰消化成熟石灰过筛成细粉；黏土也要过筛，把土块和杂质除净，黏土中不应该有任何有机物，要以亚黏土为好。拌和灰土的要求是灰土的湿度，以用手能握成团，但用手轻轻一捏即

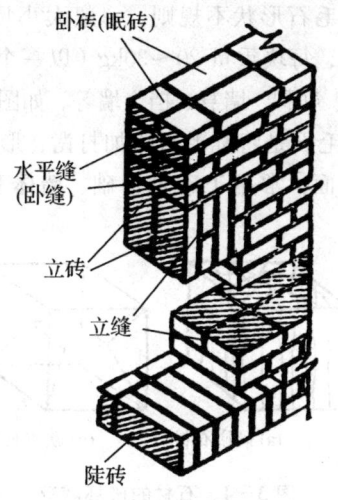

图 3-3 卧砖、陡砖、立砖图

碎为适合。

（三）碎砖三合土

碎砖三合土是用熟石灰、粗砂和碎砖块按 1:2:4 或 1:3:6（体积比），再加入适量的水拌匀而成，碎砖块的大小以 3~5cm 为适宜。

碎砖三合土与灰土多适合于平房室内非承重内墙的基础或作基础垫层，不适合用于有地下水或潮湿的土层中，不能用于承重墙。

（四）石材

石材的主要特点是：硬度和抗压强度高、耐久性好、抗冻性强、可就地取材、用途广泛，适用于砌筑基础、墙基、堤坡、水坝、拱桥、挡土墙和装饰工程等。

1. 石材的种类

（1）毛石 是从天然岩石中开采出来的未经加工、形状不规则的石块。按毛石硬度破坏情况分为硬质石材和软质石材，如图 3-4 所示。按其平整程度又可分为乱毛石和平毛石两类。

①乱毛石　乱毛石形状不规则，一般大小尺寸在 30～40cm 左右，厚度大约 15cm，每块重量 20～30kg（以一个人可搬动为宜），用于砌筑毛石基础、勒脚、墙身、挡土墙等，如图 3-5 所示。

②平毛石　平毛石是将乱毛石略加打凿，形状比乱毛石略有整齐，基本上有 6 个面，常用于砌筑基础、墙体和勒脚，如图 3-6 所示。

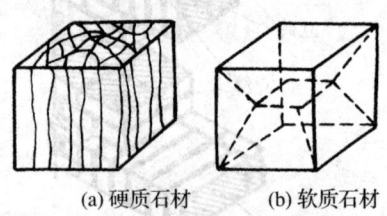

(a) 硬质石材　　(b) 软质石材

图 3-4　石材的破坏状况

图 3-5　乱毛石

图 3-6　平毛石

（2）块石　（即料石，又称条石），是将毛石经过人工或机械琢凿加工，去掉棱角，形状比毛石规则平整的 6 个面，如图 3-7 所示。按其表面加工后的平整程度又分为毛料石、粗料石、半细料石和细料石 4 种。常用于墙身、踏步、地坪、纪念碑等。

(a) 整形料石　　　　　　　　(b) 形状复杂料石

图 3-7　料石

2. 石材的技术性能

(1) 抗冻性　石材的抗冻性要求石材试件，在经受15、25或50次冻融循环试验后，试件不贯穿裂缝，质量损失不超过5%，强度降低不大于25%，则为符合抗冻标准。石材的容重和抗压强度，见表3-1。

表3-1　石材的容重和抗压强度

石材名称	容重(kg/m^3)	抗压强度(kg/cm^2)	说　明
花岗岩	2 600	1 200～2 500	容重大于1 800为重石
石灰岩	1 800～2 600	100～1 000	容重大于1 800为重石
砂岩	2 400～2 600	400～2 500	容重大于1 800为重石
浮石	500		容重小于1 800为轻石

(2) 耐水性　石材的耐水性是指石材在被水浸到饱和程度时的强度与干燥状态强度的比，用软化系数K表示，见表3-2。

表3-2　石材的耐水性

软化系数K	耐水性
＞0.9	高耐水性
0.7～0.9	中耐水性
0.6～0.69	低耐水性

3. 石材的选用　砌筑基础用的毛石，要选择质地坚硬的，对已风化、裂纹的毛石和水锈石，片石和狭长的毛石不能使用；毛石在砌筑基础时，必须备有小块石配合填心；块石用于基础和墙角；整齐的方块石和条石用于墙体；平板石用于装饰。

二、砌筑墙体用料

砌筑墙体的材料很多，常用的有普通黏土砖、黏土空心砖、灰砂砖、炉渣砖、矿渣砖、碳化灰砂砖、煤矸石砖，以及各种砌块和墙板。

(一) 普通黏土砖

见第一节。

(二) 黏土空心砖

1. 规格　有几种，详见表3-3。

表 3—3　各类用砖

砖名	规格(mm)	标号	吸水率	抗冻性	容重(kg/m³)	每块砖重(kg)
普通黏土砖	240×115×53	50、75、100、150、200	8%～16%	合格	1 600～1 800	约 2.5
黏土空心砖	240×115×115 240×180×115 240×115×90 100×190×90 190×90×90	75,100,150、200	20%左右	合格	1 200～1 400（承重） 800～1 100（非承重）	8～15
灰砂砖	240×115×53	100,150,200	4.7%～5.2%	合格	1 800～1 900	2.7
矿渣砖	240×115×53	100,150,200	7%～9.5%	合格	2 000～3 000	3.6左右
炉渣砖	240×115×53	75,100,150	8%～12%	不良	1 500～1 800	约 2.5
粉煤灰砖	240×115×53	75,100,150	10%～25%	良好	1 500～1 800	约 2.5
碳化灰砂砖	240×115×53	75,100,150	8%～8.7%	合格	1 700～1 800	约 2.6
煤矸石砖	240×115×53	100,150,200	6.8%～23%	合格	1 400～2 000	约 2.5

2. 性能　具有节约黏土,减轻建筑物自重改善墙体保温性能,改善隔音性能,节省焙烧燃料,提高效率等特点。

3. 种类和等级　承重黏土空心砖又分为竖孔和水平孔两种,如图 3—8 所示。根据尺寸偏差、外观质量、强度等级和物理性能可分为优等品、一等品和合格品 3 个等级,见表 3—4。

表 3—4　各产品等级的强度

产品等级	强度等级	抗压强度(MPa)		抗折强度(kN)	
		平均值不小于	单块最小值	平均值不小于	单块最小值
优等品	MU30	30.0	22.0	13.5	9.0
	MU25	25.0	18.0	11.5	7.5
	MU20	20.0	14.0	9.5	6.0
一等品	MU15	15.0	10.0	7.5	4.5
	MU10	10.0	6.0	5.5	3.0
合格品	MU7.5	7.5	4.5	4.5	2.5

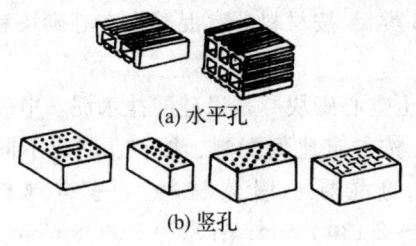

(a) 水平孔

(b) 竖孔

图 3—8 空心砖种类

（三）拱壳空心砖

又称挂钩砖、拱壳砖，是以黏土为主要原料烧制而成，用于砌筑拱形屋盖，如图 3—9 所示。但应用较少。

（四）硅酸盐类砖

硅酸盐类砖包括灰砂砖、炉渣砖、矿渣砖、粉煤灰砖、碳化灰砂砖和煤矸石砖等，见表 3—3。

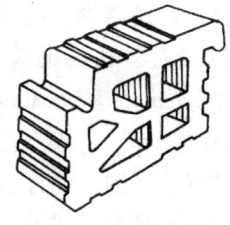

图 3—9 拱壳空心砖

（五）耐火砖

1. 耐火砖的种类 按耐火程度分为普通耐火砖和高级耐火砖两种。普通耐火砖的耐火程度为 1 580℃～1 770℃；高级耐火砖的耐火程度为 1 770℃～2 000℃。还有超级耐火砖，耐火程度在 2 000℃之上。

按其化学性能分为酸性、中性和碱性 3 种。

按其形状可分为标准耐火砖和异形耐火砖。

2. 耐火砖的规格 标准耐火砖有 230mm×113mm×65mm 和 250mm×123mm×60mm 两种；异形耐火砖是按建筑需要而特殊加工制作，故规格繁多，大小不一。

3. 耐火砖的性能 主要是耐高温、防火。

（六）各种砌块

1. 砌块的种类 按砌块的重量和大小分有小型砌块、中型砌块和大型砌块3类。按材料分有混凝土空心砌块和粉煤灰硅酸盐砌块等。

(1) 混凝土空心砌块 是以硅酸盐水泥、中砂和粒径不超过20mm的石料,按一定比例配制、拌和、制成不同规格的型块,经养护后而成的混凝土墙体材料。基本规格为180mm×845mm×(630～2130)mm;容重为1000kg/cm³。其特点是壁薄、质轻、空心、高强、造价低、隔热性能好。

(2) 加气混凝土砌块 这种砌块是用水泥、矿渣、砂和铝粉等原料,经过磨细、配料、浇注、切割、蒸压、养护及铣磨后制成的轻质而多孔的砌筑材料。基本规格为长60cm、宽25cm、50cm、75cm,厚5～30cm;容重为400～700kg/m³;抗压强度为15～40kg/cm³。特点是质轻、保温性能好、吸音好、规格可变、可锯、可刨、可钉钉子等,缺点是抗压强度低、抗冻性差。适用于隔断墙和围护墙。可用于4层以下承重墙。

2. 砌块的使用范围 砌块适用于耐久性为二级及其以下的民用建筑和工业建筑的承重墙及围护墙。不适合用在具有化学侵蚀媒质的建筑中,也不能用在建筑物的基础和地面以下潮湿的墙体。

三、屋顶用料

屋顶覆盖材料有防水材料和保温材料两种。

(一) 屋顶防水材料

根据屋面有坡屋顶和平屋顶两种不同的结构形式,故采用的防水材料也有所不同。平屋顶用沥青和油毡覆盖防水;坡屋面的防水材料有以下几种:

1. 黏土平瓦和脊瓦
黏土瓦是用塑性较好的黏土加水、搅拌、压制成型、晾干、焙烧而成,平瓦铺盖屋面,脊瓦

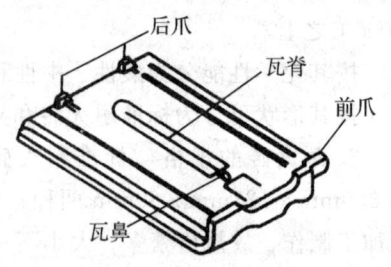

图3—10 黏土平瓦

搭盖屋脊。

黏土平瓦的规格、品种见表3—5,如图3—10所示。

表3—5 黏土平瓦和脊瓦的品种规格

品种		规格(mm)	有效面积(m^2)	每平方块数(块)	重量(kg)
粘土瓦	平瓦	400×240×14,220×360×14	0.0616	16.2	3.0
	脊瓦	455×190×20,410×200×20	~	~	3.0
水泥瓦	平瓦	387×238×15	0.0644	15.6	3.25
	脊瓦	464×175×15	~	~	3.5

2. 水泥平瓦和脊瓦 水泥瓦是水泥、砂子加水配制成型后,养护硬化而成,规格见表3—5。

3. 小青瓦 俗称合瓦、蝴蝶瓦、阴阳瓦,也有叫小土瓦、水清瓦、布纹瓦的。是我国传统建筑的一种防水屋面

(a)檐口盖瓦　(b)檐口滴水瓦　(c)小青瓦

图3—11 黏土小青瓦及其配套瓦片

瓦。其规格为长约170～200mm,大头直径(宽)145～180mm、小头直径(宽)130～160mm、厚为10～15mm。质量要求:轻轻敲击声音响脆,没有砂眼、缺棱、掉角、无裂纹。与之配套使用的还有檐口盖瓦和檐口滴水瓦等,如图3—11所示。

与小青瓦配套使用,专门铺盖屋脊的脊瓦,其长度400mm、宽250mm。有断面为三角形和断

(a)三角形　(b)圆形

图3—12 脊瓦

面为半圆形的两种。其质量要求:不得有贯穿性裂缝、缺棱、掉角、翘曲、变形,其形状如图3—12所示。

4. 琉璃瓦　是用黏土烧制而成,瓦面上釉,颜色不一,色泽均匀发亮,坚固不透水,形状多为半圆筒形,多用于民族形式的建筑,一般建筑用的较少。

5. 石棉水泥波形瓦　用石棉纤维和水泥为原料,通过制板压制而成。分为大波、中波和小波3种类型。规格有180cm×75cm等数种。此瓦的特点是覆盖面积大,体轻,刚度好,排水性能好,适用于坡度较小的小型建筑物,如小型仓房,室外厕所,自行车棚盖,门卫房和售货亭盖等。

（二）屋顶保温材料

屋顶的保温材料很多,常用的有如下几种:

1. 膨胀珍珠岩　此种保温材料以矿石为原料,经破碎、高温焙烧膨胀而形成白色颗粒,因颗粒形状与珍珠相似,故得名珍珠岩。其特点是保温隔热、不燃、耐腐、质轻等。

散状的珍珠岩若加入适量的水泥、热沥青等材料,还可以制成不同类型的珍珠岩板材。

2. 锯末　锯末的保温性能好,容重小,可就地取材。但因它不耐腐蚀,不能做平面顶保温,掺些白灰等料可做顶棚保温材料。

3. 炉渣　炉渣容重大,保温性较差,但因它耐腐,利用废料就地取材,造价低廉,故常用它进行保温。但必须过筛,避免潮湿。

4. 泡沫混凝土　泡沫混凝土是在水泥中加入松香发泡剂制成的多孔混凝土,多是制成块状。这种保温材料耐腐蚀、容重小、保温性能好,有一定强度,是较好的保温材料。

5. 矿渣棉　矿渣棉是用工业废料矿渣做原料,经过特殊熔化高速离心法制成的质轻、不燃、耐腐蚀的棉丝状纤维保温材料。又可制成不同规格的板、毡等,方便施工。

6. 玻璃棉　玻璃棉是玻璃质的材料,是将玻璃熔体用喷吹法或离心法处理成的组织蓬松、类似棉絮的短纤维,或将玻璃熔体吹成长纤维后折断而成。因其导热性低、吸声性好，一般能耐350℃，故为顶棚保温的好材料。为了施工的方便，也可将玻璃棉（散状）加工成毡垫或板块状的隔热、吸声材料。

第二节 砌筑砂浆用料及其他材料

砂浆，又称灰浆，是砌筑砖石砌体的重要胶结材料。其主要作用有三：一是把砌体内部的各砖块（或石块）胶结在一起，形成一个牢固的整体；二是可以把上部的荷载均匀地往下传播；三是可以填满砖石间的缝隙，减低了砌体的透风性，对房屋起到保温隔热的作用。

一、砂浆的种类

1. 按砂浆的组成材料分 有水泥砂浆、石灰砂浆和混合砂浆。

2. 按单位体积的重量分 有重砂浆（容重大于 1 500kg/m³）和轻砂浆（容重小于 1 500kg/m³）。

3. 按用途分 有普通砂浆和特种砂浆。

二、砂浆的性能

（一）砂浆的和易性

砂浆配制成后，应该有很好的和易性（即砂浆的流动性和保水性），硬化后有一定的强度和黏结力。 施工中，砂浆的和易性如何，对墙体的质量和强度影响很大。 和易性较差的砂浆，铺设起来比较困难，铺不平、不均匀、灰缝很难饱满，故此不仅工效受影响，而且质量会下降。

和易性的好与坏，与流动性和保水性有关。

1. 砂浆的流动性 又叫稠度，指的是砂浆自然流动性如何，流动性大小用"沉入度"表示。砂浆的沉入度小（即砂浆太稠），则流动性就差，砌筑时费力，影响施工质量；砂浆的沉入度大（即砂浆太稀），则流动性就大，不便于施工，污染墙面。

试验砂浆的稠度用砂浆流动性测定仪（稠度计），如图3－13所示。用一个自重300g的标准圆锥体，使锥尖与砂浆面相接触，然后放松螺丝让锥体垂直落下，锥体沉入砂浆后不再下沉时的深度（cm）就是砂浆的稠度。砂浆流动性的大小，与加水量，胶结材料掺和料的用量，砂子颗粒的大小、形状、空隙率的大小及砂浆的搅拌时间长短有关。砌体的不同、气温的高低和材质的差异，稠度也不同，一般情况见表3－6。

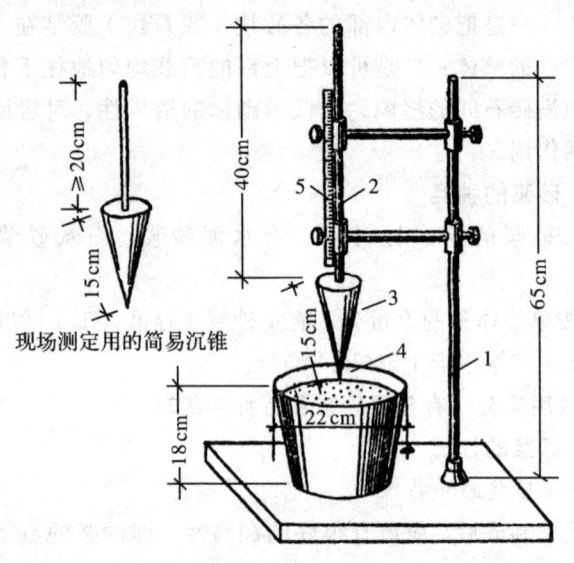

图3－13 砂浆流动性测定仪（稠度计）
1. 台架 2. 滑杆 3. 圆锥（自重300g，锥径7.5cm） 4. 灰桶 5. 标尺

表3－6 砂浆稠度表

砌体类别	干热天气或多孔材料	寒冷天气或密实材料
砖砌体	8～10(cm)	6～8(cm)
毛石砌体	5～7(cm)	4～5(cm)

2. 砂浆的保水性 是说砂浆搅拌后运送到使用地点，砂浆中的水与胶结材料及骨料分离快慢程度，水析出的快，说明保水性

差;反之保水性好。保水性的优劣跟胶结材料掺和料的多少、用水多少、砂粒大小有关。胶结料掺和料多、砂粒小、用水适当,保水性就好;反之,保水性则差。

（二）砂浆的强度

砂浆的强度决定着砌体的抗压强度,因此砂浆的强度是砂浆的主要技术指标。影响砂浆强度的因素有以下几点:

1. 配合比的准确是砂浆强度的主要因素;
2. 用水量过多会降低砌筑砂浆的强度;
3. 水泥的活性对砂浆强度也有很大影响;
4. 塑化剂的用量超过配合比的规定时,会降低砂浆的强度;
5. 砂子的颗粒级配（即砂子颗粒粗细的分级与搭配）和所含杂质的多少也影响砂浆强度;
6. 搅拌的均匀程度对砂浆强度影响很大,故要求机械搅拌时间不能少于2min。

（三）砂浆的黏结力

砂浆的黏结力受多种因素影响,如砂浆的成分、水灰比、基层的湿度、基层表面的清洁程度、粗糙程度、操作技术和养护条件等,主要与砂浆强度等级有关,高强度砂浆的黏结力大。

三、砂浆的组成材料

砂浆是用砂子、水泥、石灰膏等胶结材料按照规定的比例配合后加水搅拌而成。砂浆的材料对砂浆的质量、施工的效率、工程的成本关系很大,因此,选择材料时必须合理、严格要求。

1. 水泥　有硅酸盐水泥、普通硅酸盐水泥（简称普通水泥）、矿渣硅酸盐水泥（简称矿渣水泥）、火山灰质硅酸盐水泥（简称火山灰水泥）、粉煤灰硅酸盐水泥（简称粉煤灰水泥）。还有其他不同用途的特制水泥,如矾土水泥、快硬水泥、膨胀水泥、耐酸水泥、白色水泥和彩色水泥等。

水泥的特性和使用范围见表3-7。

表 3—7　水泥的特性和使用范围

水泥品种	特　性	适用范围
普通硅酸盐水泥	1. 凝结硬化快,早期强度高 2. 水化热高 3. 抗水性强 4. 抗冻性好 5. 耐热性较差 6. 耐腐蚀较差	1. 一般地上工程和不受侵蚀性作用的地下工程,以及包括反复受冻结使用的结构 2. 不适用于大体积混凝土工程,受水压作用工程,以及受化学侵蚀的工程
矿渣硅酸盐水泥	1. 早期强度低,后期强度在潮湿环境中增进率较大 2. 水化热低 3. 耐热性好 4. 抗冻性差 5. 耐硫酸盐类腐蚀性较好 6. 干缩性大,有渗水现象	1. 适用于地下、水下及海下的工程及经常受水压工程,大体积混凝土工程,受热工程,有抗硫酸盐侵蚀要求的一般工程 2. 不适于早期强度要求较高的工程,低温环境中施工而又无保温措施的工程
火山灰质硅酸盐水泥	1. 早期强度低,在潮湿环境中后期强度增长较快 2. 水化热较低 3. 抗水性好 4. 抗冻性差 5. 耐腐蚀能力强 6. 吸水性和干缩性较大	1. 适用于地下、水中、大体积混凝土结构和有抗渗要求的混凝土结构,以及有抗硫酸盐侵蚀要求的一般工程 2. 不适用于气候干热环境的工程,早期强度要求高的工程、受冻工程,以及有耐腐蚀要求的工程
粉煤灰硅酸盐水泥	1. 早期强度低 2. 干缩性较小,抗裂性较好,抗炭化能力差	1. 适用于地上、地下及大体积混凝土工程,以及有抗腐蚀要求的一般工程 2. 不适用于抗炭化要求的工程,其他同火山灰质水泥

2. 砂　根据砂子的来源不同,分为河(江)砂、海砂和山砂以及从土壤中挖出来的砂。海砂因常夹着贝壳碎片及盐分等有害杂质

而少用;山砂因颗粒有棱角,表面粗糙与水泥胶结能力强,但含有机杂质多,粉末状物质多也不适宜;河(江)砂因洁净,优越于前两种而广为利用。

按砂子颗粒的大小分,有粗砂、中砂和细砂(粗砂平均粒径大于0.5mm,中砂平均粒径为0.35~0.5mm,细砂平均粒径为0.25~0.35mm)。粗砂粒大,适用于毛石砌体的砂浆中;砖砌体砂浆最适宜的是中砂;细砂因强度低,浪费水泥,影响砌筑质量,故很少用。

3. 石灰 将碳酸钙为主要成分的石灰石,高温煅烧成白色块状的生石灰。在用于工程之前,再用干磨和淋水熟化后,加工制成石灰膏。

生石灰粉在工地可直接使用,干得快,硬化快,强度高,加水搅拌的砂浆能放出大量的热,不膨胀,便于冬季施工。

石灰膏凝固慢,须经7~10d,并且凝固后的强度不高,但配制成石灰砂浆,则凝固加快约1~2d,强度也很高。

4. 拌和用水 拌和砂浆不能用含有酸、碱类和有油污、杂质的腐臭脏水,必须用自来水、井水、塘水及河、湖里的清洁的淡水。

四、对砂浆使用的时间要求

1. 搅拌好的砂浆,要争取在2h内使用完毕。 在砌筑中不得使用过夜的砂浆。 关于砂浆配合比及用料等,见表3-8。

表3-8 砌筑砂浆配合比参考表

砂浆标号	质量配合比			材料用量(kg/m³)			外加剂掺量(%)
				水泥	砂子	石灰膏	
10	1	1.53~1.57	17~15.3	85~95	1 430~1 450	130~150	1~3
25	1	0.92~1.00	12~12.3	120~130	1 430~1 450	110~130	1~2
50	1	0.52~0.58	8.59~7.63	170~190	1 430~1 450	90~110	1~2
75	1	0.33~0.39	6.9~6.3	210~230	1 430~1 450	70~90	1
100	1~	0.15~0.22	5.6~5.2	260~280	1 430~1 450	40~60	0

2. 水泥砂浆配合比及材料用量表,见表3-9。

表3-9 水泥砂浆配合比及材料用量表

配合比(体积比)	水泥标号	每立方米材料用量	
		水泥(kg)	净干砂(m^3)
1:1	325	811.9	0.680
1:2	325	517.1	0.866
1:2.5	325	437.6	0.916
1:3	325	379.4	0.953
1:3.5	325	334.8	0.981
1:4	325	299.6	1.003

3. 粉煤灰水泥砂浆配合比参考表,见表3-10。

表3-10 粉煤灰水泥砂浆配合比参考表

标号	配合比 水泥:粉煤灰:砂	每立方米砂浆材料用量 kg/m^3		
		水泥	粉煤灰	砂子
50	1:0.63:9.1	160	102	1450
75	1:0.45:7.25	200	90	1450
100	1:0.31:5.60	260	80	1450

注:水泥标号均为325。

4. 水泥粉煤灰混合砂浆配合比表,见表3-11。

表3-11 水泥粉煤灰混合砂浆配合比参考表

水泥品种	水泥标号	砂浆标号	配合比(重量)水泥:石灰膏:粉煤灰:砂	每立方米砂浆材料用量(kg)			
				水泥	石灰膏	磨细粉煤灰	砂
矿渣水泥	325	25	1:1.54:1.54:16.20	90	135	135	1460
	325	50	1:0.66:0.66:9.12	160	105	105	1460
	325	75	1:0.49:0.49:7.48	195	95	95	1460
	325	100	1:0.23:0.23:6.10	240	55	55	1460

五、砌筑的其他材料

（一）管材

管材是下水工程的主要材料，有缸瓦管、水泥管。缸瓦管有施釉的和不施釉的两种；有直管、三通管、弯头管。一般管长30～100cm，内径5～100cm，壁厚10～50mm。施釉的缸瓦管能耐酸碱的侵蚀，常用于化学实验室及工厂的下水工程。水泥管大小不一，品种较多，常用于下水管道或小型涵洞等工程。

（二）防水剂

常用的防水剂有防水粉、避水浆等，它能够提高水泥砂浆的不透水性，是一种用化学原料配制而成的外加剂。

防水粉是粉状材料，它与水泥混合凝结后较坚韧并有弹性，可以提高砂浆的密实性、不透水性及抗渗性。又因它耐酸碱性较好，故用于基础防潮层，以抗腐蚀保护墙身。掺和时不宜多掺，一般掺量为水泥重量的3%～5%，以免降低砂浆的强度。

避水浆是一种乳白色的浆状液体，它的掺用量是水泥用量的1.5%～5%，避水浆容器应密封后放在阴凉处，严禁曝晒。

（三）塑化剂

塑化剂又叫松香酸钠、微沫剂，是由松香、氢氧化钠或碳酸钠、水3种原料按一定的比例，通过加热熬制成的深褐色的胶黏体。在砌筑砂浆中加入适量的松香酸钠，能提高砂浆的和易性，并可节省石灰，降低成本。掺用量为水泥用量的3/10 000～1/10 000，施工时要按技术操作规定严格控制，不宜多用。规范规定只能代替一半石灰膏。

练习题

1. 试述砖的种类及其规格、性能。
2. 石材的种类是怎样划分的？如何选用石材？
3. 耐火砖的种类、特点及性能是什么？
4. 试述加气混凝土砌块的适用范围？它有哪些优、缺点？

5. 常用的水泥有哪些品种？
6. 什么是砂浆的和易性？它包括哪两方面？
7. 屋顶防水材料有哪几种？对平瓦和小青瓦都有什么要求？
8. 砂浆配制的原料是什么？各有什么要求？
9. 简述管材、防水剂和塑化剂的种类及适用范围。

第四章 建筑施工工具与机械设备

建筑施工中离不开工具与机械设备,否则将一事无成。按使用方式有手工工具和机械设备之别;按使用功能分有砌筑工具、检测工具和运送工具。

第一节 常用的砌筑工具

一、小型手工工具(个人使用保管)

(一)瓦刀(也叫泥刀)

瓦刀用于涂抹、摊铺砂浆、砍削砖块、打造灰条及发碹。形状如图4-1所示。

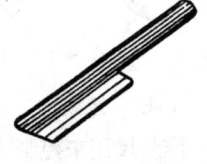

图4-1 瓦刀

(二)大铲(也叫灰铲)

大铲用于铲灰、铺灰、刮浆,也可在操作中随时用它调和砂浆。形状以桃形居多,也有长方形等,如图4-2所示。

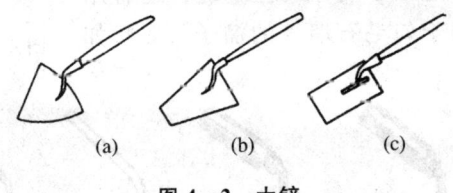

图4-2 大铲

(三)刨锛

刨锛是专用打砍砖块的工具,如图4-3所示。

(四)手锤

手锤又叫小榔头,用于敲打石料和异型砖块,如图4-4所示。

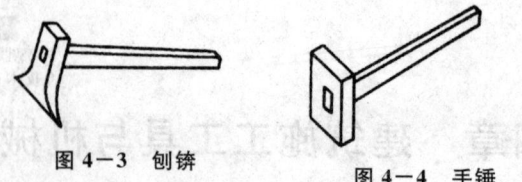

图 4-3 刨锛　　　　图 4-4 手锤

（五）钢凿

钢凿又叫錾子，用钢锻造。用于打凿金属、石材和剖凿异型砖用等。其端头有尖头和扁头两种，如图 4-5 所示。

（六）托灰板

托灰板用于抹灰或勾缝时盛放灰浆，形状如图 4-6 所示。

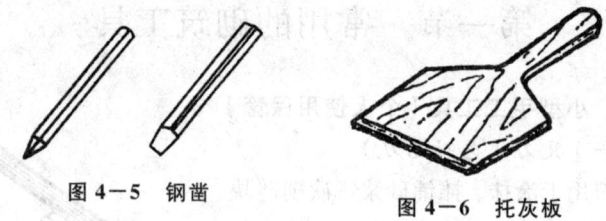

图 4-5 钢凿　　　　图 4-6 托灰板

（七）摊灰尺

推灰尺用来控制灰缝厚度，如图 4-7 所示。

（八）溜子

有用于清水墙勾砖缝的长、短溜子，长溜子勾横缝，短溜子勾纵（立）缝，还有用钢板制成的用于勾毛石墙缝的溜子，形状如图 4-8 所示。

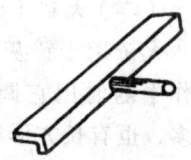

图 4-7 摊灰尺

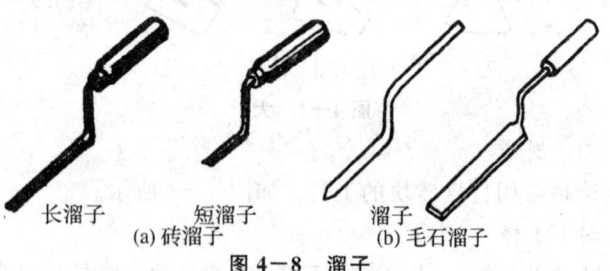

长溜子　　短溜子　　　　溜子
(a) 砖溜子　　　　(b) 毛石溜子
图 4-8 溜子

（九）捏子

有用于砖墙和石墙的两种，形状如图4-9所示。

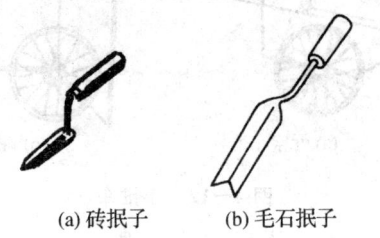

(a) 砖捏子　　(b) 毛石捏子

图4-9　捏子

二、其他工具（班组集体保管）

（一）筛子

筛子用来筛除砂子中的杂质。筛孔的大小有4×4、5×5、6×6、8×8（单位均为mm）等数种，如图4-10所示。

（二）铁锹

有平板锹和尖头锹两种，用于挖土、装料、筛砂等，如图4-11所示。

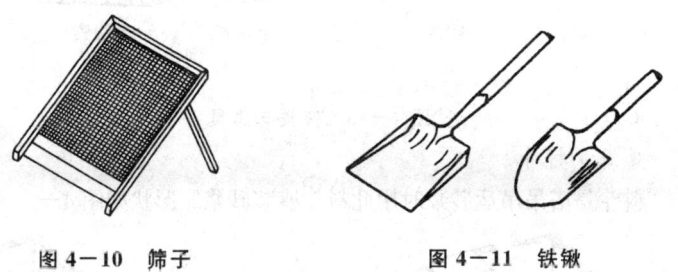

图4-10　筛子　　　　　图4-11　铁锹

（三）手推车

手推车用于运送砂浆和其他小件散装材料，如图4-12所示。

（四）夹具和索具

夹具有砖夹，每次可夹4块标准砖；砌块夹，有单块夹和多块夹两种；索具用于运送（装卸）砌块的，即钢丝绳索具，如图4-13所示。

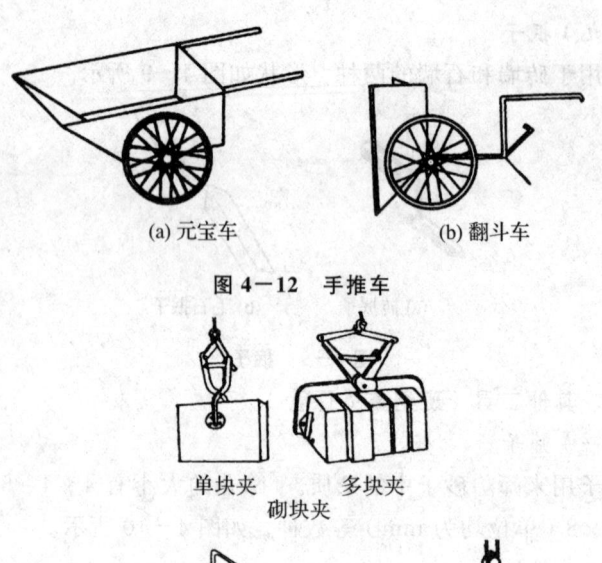

(a) 元宝车　　　　　(b) 翻斗车

图 4-12　手推车

单块夹　　　多块夹
　　　砌块夹

砖夹　　　单块索　　多块索
　　　　　　砌块索

图 4-13　夹具与索具

（五）料斗

料斗是塔吊吊运砂浆时用此料斗盛装砂浆，形状如图 4-14 所示。

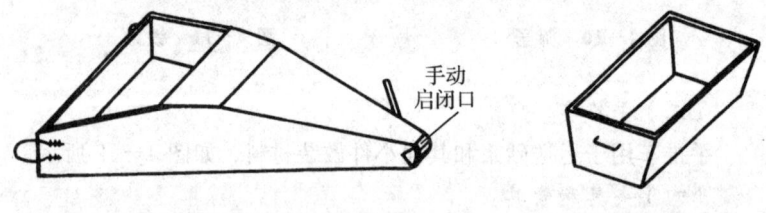

图 4-14　料斗　　　　　　图 4-15　灰槽

（六）灰槽

供瓦工存放砂浆用，如图 4-15 所示。

（七）其他工具

如胶皮水管、水桶、灰镐、灰勺和用于除掉搅拌机外壳上砂浆的钢丝刷等，如图4-16所示。

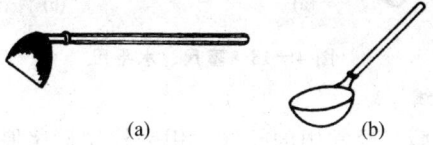

图4-16 灰镐、灰勺

三、质量检测工具

（一）钢卷尺

用来丈量轴线尺寸、墙体厚度门窗洞口尺寸的钢卷尺有1m、2m、3m、4m、5m及30m等数种。

（二）托线板

托线板一般长为1.2～1.2m，线锤主要是检验垂直度用，常与托线板配合使用，如图4-17所示。

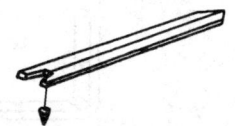

图4-17 托线板与线锤

（三）塞尺和水平尺

塞尺是用来测定墙、柱的垂直度、平整度的偏差的，常与托线板配合使用。塞尺上每一格表示厚度为1mm，如图4-18（a）所示。使用时托线板一侧紧贴于墙或柱面上，若墙与柱面本身的平整度不够，必然与托线板产生缝隙，用塞尺轻轻塞进缝隙，塞进的数量就是墙面或柱面的偏差数值。

水平尺是检验砌体水平面与垂直面的偏差的，一般用木、铁和铝合金制成，中间镶嵌玻璃水准管，如图4-18（b）所示。

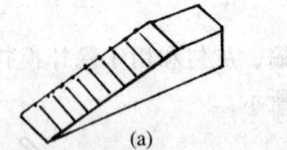
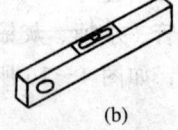

图4-18 塞尺、水平尺

（四）准线

准线是砌墙时经常用的拉线，用来控制砂浆厚度及保证墙体的平整度和垂直度。

（五）百格网

百格网也叫百分格。用于检查砌体水平缝砂浆饱满程度的工具，其规格为一块标准砖的大面尺寸。百格网的形状，如图4-19(a)所示。

（六）方尺

方尺是长为200mm的直角尺，是用来检查砌体转角的方整程度的，如图4-19(b)所示。

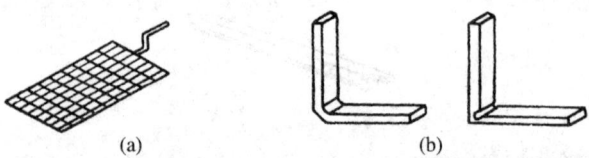

图4-19 百格网和方尺

（七）龙门板

1. 龙门板的作用 一是对用经纬仪和水平仪测出的各文字和数字轴线及标高起固定的作用；二是建筑物的基础开挖，垫层混凝土的高度，基础大放脚砌筑的依据，龙门板的设置如图4-20所示。

2. 龙门板的使用方法 将龙门板的板面与龙门桩上刻画的地坪标高线对齐，板的上边划出墙的中心线、墙身线和基础线位置，沿着房屋两端相对位置的龙门板上划线处系好线绳，龙门板必须埋置牢固，防止走动，用以控制建筑物位置和地坪标高。

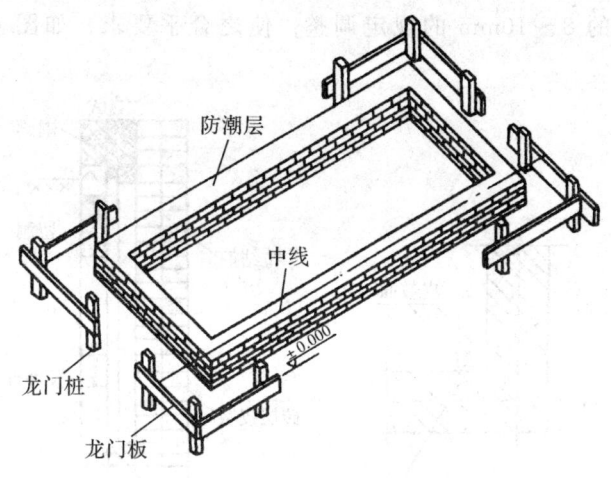

图 4—20　龙门板的设置

（八）皮数杆

皮数杆是施工时竖立在墙转角处的方木杆，上面刻有每皮砖和灰缝厚度以及门窗洞、过梁、楼板等的位置线，是检查砌体高度的基准。

基础皮数杆比较简单，高度高出防潮层即可，一般用50mm×50mm的木杆，立在基础垫层上并在杆上画出各层灰缝和砖的厚度。同时还要画出地圈梁、防潮层等位置。当画到防潮层底的标高处，砖层必须是整皮砖，如果条形基础垫层表面不平，可在砌筑大放脚前，就用细石混凝土把垫层找平。

±0.00以上皮数杆，由施工员计算或由有经验的木工排画，经质量检查人员检验合格后方可使用。要根据房屋大小和平面的复杂程度设置皮数杆，一般要求每个墙角，尤其是外墙角和楼梯间比较长时，中间需加若干皮数杆，杆的间距不得大于20m。若房屋较为复杂时，皮数杆要编号，对号入座。楼梯间设皮数杆是为了控制踏步均匀，免出高低不均现象。

皮数杆的另一重要作用是各窗间墙、大梁或垫块底高度不一定是63mm（砖厚＋灰缝厚）的倍数，划皮数杆就要利用灰缝厚度允许的 8～10mm 的规定调整，使之合乎要求，如图 4－21 所示。

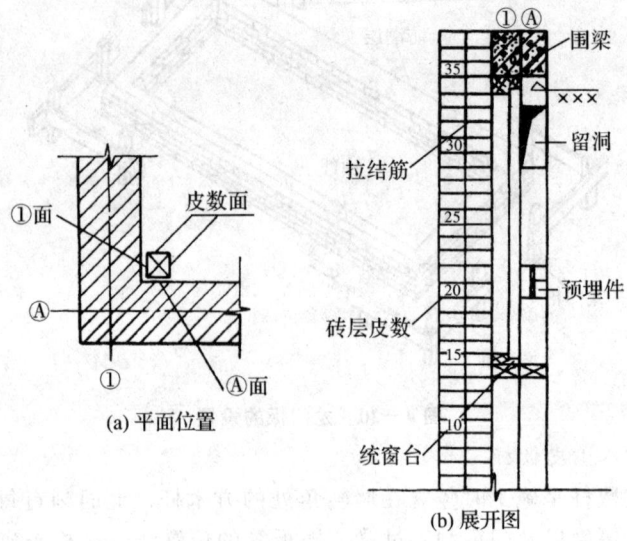

图 4－21 皮数杆

第二节 常用机械设备

一、砂浆搅拌机

砂浆搅拌机是施工建筑中必备的，用来搅拌砌筑和抹灰用的砂浆或混凝土的常用机械。

1. 砂浆搅拌机的型号 有倾翻出料式的 HJ-200 型、HJ1-200A、HJ1-200B 型、活门式 HJ-325 型。图 4－22 所示即为活门式砂浆搅拌机。

砂浆搅拌机的各项技术数据，见表 4－1。

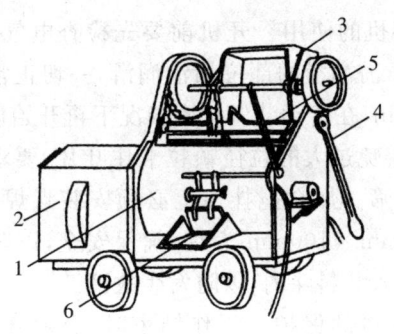

图 4—22 活门卸料砂浆搅拌机
1. 搅拌筒 2. 电动机箱 3. 进料斗
4. 进料斗摇把 5. 出料斗摇把 6. 出料斗

表 4—1 砂浆搅拌机主要技术数据

技术指标		型号				
		HJ1-200	HJ1-200A	HJ1-200B	HJ-325	连续式
容量(L)		200	200	200	325	—
搅拌叶片转速(r/min)		30～32	28～30	34	30	383
搅拌时间(min)		2	—	2	—	—
生产率(m³/h)		—	—	3	6	16
电动机	型号	JO$_2$-42-4	JO$_2$-41-6	JO$_2$-32-4	JO$_2$-32-4	JO$_2$-32-4
	功率(kW)	2.8	3	3	3	3
	转速(r/min)	1 450	950	1 430	1 430	1 430
外型尺寸(mm)	长	2 200	200	1 620	2 700	610
	宽	1 120	1 100	850	1 700	415
	高	1 430	1 100	1 050	1 350	760

2. 砂浆搅拌机的安装　搅拌机的安装必须平稳、牢固,地基必须平整、夯实,四周地面应有排水槽,或形成一定坡度以利于排水。移动式搅拌机,在安装时要将行走轮离开地面,机座要高出地面一定距离,以方便出料;上料平台应与进料口平台,以利于上料。

3. 砂浆搅拌机的使用　开机前要先检查电气设备无误,带轮和齿轮有防护罩,需润滑的部位加油润滑,一切正常方可开机。开机后,先空转 1min,在传动装置正常情况下再开始加料搅拌。要边加料边加水,要避免过大的粒径颗粒卡住叶片,要求放入搅拌机前的砂子必须先过筛。加料搅拌斗上必须安装点焊钢筋网片,网孔的大小应以 100mm×100mm 为宜,确保安全,以防万一。严禁其他工具或物件掉入装料斗内,以防发生故障。

4. 砂浆搅拌机的保护　工作结束时,必须将搅拌机(尤其机内)清洗干净、抹干,机械最好要设置在工作棚内,以防日晒雨淋;电闸上必须有防雨设施;冬期施工要有挡风、避雪保暖措施。

二、垂直运输设备

（一）井字架

井字架是多层建筑施工常用的垂直运输设备,并配置吊篮、天梁、卷扬机,形成垂直运输系统。井字架基础一般要埋在一定厚度的混凝土底板内,底板中预埋螺栓,与井字架底盘连接固定。井字架顶部、中部应按规定设置几道防风缆绳,以保证井字架的牢固稳定,井字架顶部还应设避雷针,如图 4—23 所示。

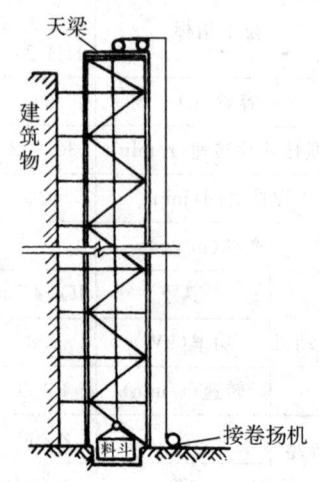

图 4—23　井字架

（二）龙门架

龙门架是由两根立杆和一个横梁构成。配有吊篮,用于材料的垂直运送,如图 4—24 所示。

（三）卷扬机

卷扬机是升降井字架和龙门架吊篮上升下降的动力装置,有快速和慢速两种。快速卷扬机钢丝绳的牵引速度为 25～50m/min,慢

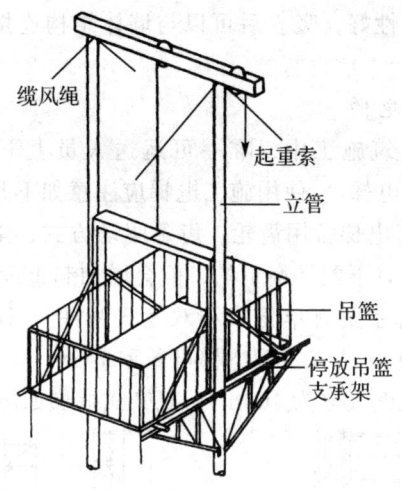

图 4-24 钢管式龙门架

速卷扬机单筒式钢丝绳的牵引速度为 7~13m/min。提升设备机械一般都使用慢速卷扬机。

使用卷扬机应该注意：

（1）要由专门的机械操作工操作，持证上岗。安装后要试转，检查卷扬机的牢固程度。

（2）由专业电工安装电气设施和避雷针。

（3）每天必须先检查各润滑和传动装置，先试空车，正常后再正式操作运输。

（4）吊篮上下要有专人指挥，严禁乘人。

（5）卷扬机司机必须能看清全部吊篮运行情况，以便随时刹车以防冲顶，拉坍井字架或龙门架。

（6）卷扬机应有操作棚，加强防风、保温措施；暴风雨前后要检查、加固。

（四）两井三笼井字架

实际它是井字架的一种组合方式。它是在两座相邻的井字架之间增设一个吊篮，使两座井字架起到三座井字架的作用。由于它的本身稳定性好，竖立后可以与墙体结构连接支撑，故可取消缆绳。

（五）施工电梯

这是高层建筑施工中，唯一可运送人员上下的垂直运输设备——人货两用电梯。使用施工电梯应注意如下几点：

1. 国内施工电梯常用齿轮、齿条驱动方式；配有平衡重，减少启动功率；也有不配平衡重的，但会增加起重设备负担。

2. 施工电梯主要有单笼式和双笼式两种。施工电梯一般可载重量1t，可乘12人，重型电梯可载重量2t，可乘24人。国产施工电梯起升高度大多为100m。双笼式电梯如图4-25所示。

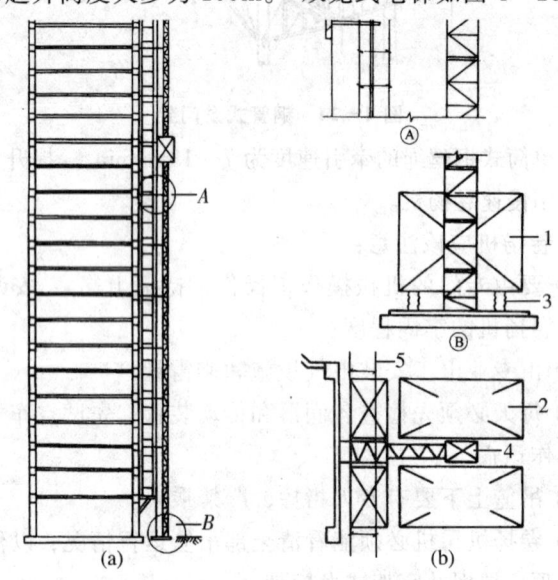

图 4-25 双笼式施工电梯
(a)立面图 (b)平面图"A"附墙节点
1. 附着装置 2. 梯笼 3. 缓冲机构 4. 塔架 5. 脚手架

3. 随着建筑物的升高，施工电梯也应随之接高，电梯立柱必须与框架柱连接。最大自由高度为 10~12m。

4. 为保证梯笼的正常运行，防止意外，电梯设置了限速制动装置，当下降速度大于 0.88~0.98m/s 时，可自动切断电源，平缓制动。梯笼下地面，应设汽车轮胎，以作缓冲。

5. 为使电压稳定，确保安全，应单独拉线。

三、砌块施工常用机具

（一）塔吊

塔吊即塔式起重机。它既可水平运输，又可垂直运输（尤其是行走式塔吊），并且回转半径大，起重高度空间大，有宽阔的工作空间。塔吊有固定式、行走式、附着式、自爬式几种。如图 4-26 所示即为行走式塔吊。应该注意：遇有六级以上大风，应停止使用塔吊。

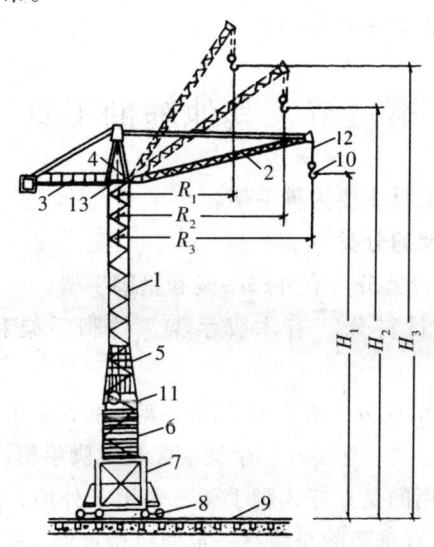

图 4-26 行走式塔吊
1.塔身 2.起重臂 3.平衡臂 4.塔帽
5.驾驶室 6.压舱 7.门架 8.车轮 9.钢轨 10.吊钩
11.卷扬机 12.起重用钢丝绳 13.回转机构

（二）台灵架

主要用于起吊和安装砌块，如图 4—27 所示。

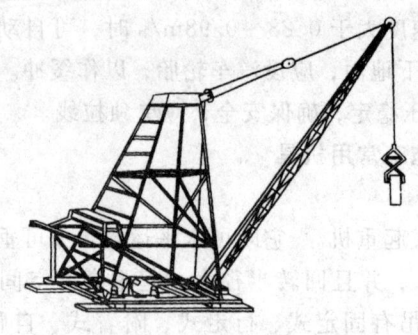

图 4—27　台灵架

（三）夹具和索具

参见本章第一节图 4—13。

第三节　其他辅助工具

其他主要工具主要为脚手架。

一、脚手架的分类

1. 按搭设位置分　有外脚手架和里脚手架。

2. 按使用材料分　有木脚手架、竹脚手架和金属钢管脚手架。

3. 按构造形式分　有立杆式脚手架、框式脚手架、吊篮式脚手架、桥式脚手架、悬挑式脚手架、工具式脚手架。

最广为利用的是立杆式脚手架，多用于外墙，分为单排架和双排架两种。双排架除与墙有一定的拉接点外，整个架子自成体系。单排架只有一排立杆，小横杆伸入墙内，与墙体共同组成一个体系，所以要随墙体的升高而升高。但应注意：毛石墙、半砖墙、空斗墙禁用；在墙角、独立柱、梁下受力区、门窗洞口两侧和上部的边缘处也禁止放置小横杆；单排架拆除后需要补洞眼，影响外装修施工,故一般不用。

二、木脚手架

木脚手架多用杉木、桦木、柳木,用 8 号镀锌铁丝(简称 8 号线)或塑料绳进行绑扎,一般使用于 5 层以下建筑,技术要求见表 4-2。

表 4-2　木脚手架技术要求

杆件名称	规　格	构造要求
立杆	梢径不小于 70mm	纵向间距 1.5～1.8m,横向间距 1.5～1.8m,埋深 0.5～0.8m,并要夯实
大横杆	梢径不小于 80mm	绑于立杆里面,第一步离地 1.8m 以上,各步间距 1.2～1.5m
小横杆	梢径不小于 80mm	绑于大横杆上,间距 0.8～1m,双排架端头离墙 5～10cm;单排架杆入墙不小于 24cm,外侧伸出大横杆 10cm
抛撑	梢径不小于 70mm	每隔 7 根立杆设一道,与地面夹角 60°,可防止架子外倾
斜撑	梢径不小于 70mm	设在架子的转角处,做法如抛掌,与地面成 45°角
剪力撑	梢径不小于 70mm	三步以上架子,每隔 7 根立杆设一道,从底到顶,杆与地面夹角为 45°～60°

三、竹脚手架

竹脚手架要选择生长期在 3 年以上的毛竹,青嫩、枯黄、黑斑、虫蛀、裂纹连通两节以上的竹子禁用。竹子使用前一天应用水浸泡使其柔韧,竹脚手架应搭成双排。

竹脚手架的搭法与木脚手架基本相同,但因受力强度弱于木脚手架,故立杆间距应按表 4-2 适当减小。

四、钢管脚手架

钢管一般采用外径 48～53mm,壁厚 3～3.5mm 的焊接钢管，连接件采用铸钢扣件。钢管脚手架的特点是：拆装灵活，使用方便，安全稳定，是建筑施工中采用最多的一种。它既可搭成单排，又可搭成双排或多排，如图4-28和图4-29所示。它与墙连接及立面、侧面搭设技术要求见表4-3。

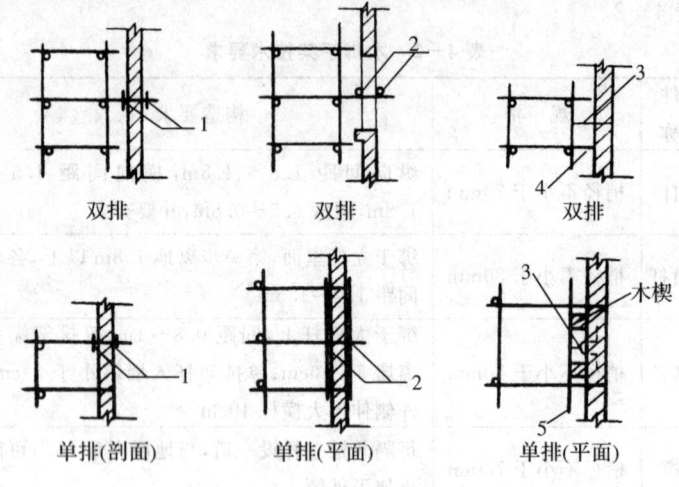

图4-28 连墙杆
1.两只扣件 2.两根短管 3.铅丝与墙内埋设的钢筋环拉住
4.此横杆顶墙 5.加一根短管

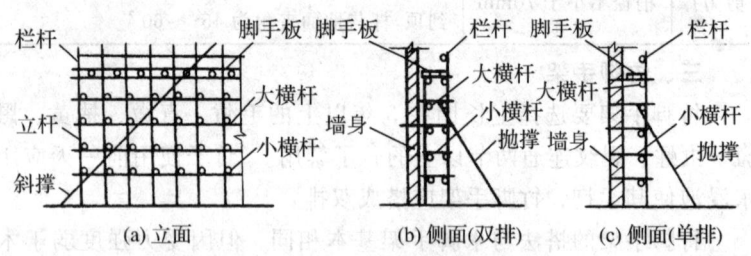

图4-29 多立杆式脚手架

表4—3　扣件式钢管脚手架技术要求

杆件名称	长度(m)	构造要求
立杆	4.5~6	纵向间距不大于2m,横向间距:单排时立杆离墙1.2~1.4m;双排时内排立杆离墙0.4m,外排立杆离墙1.7m
大横杆	4.5~6	间距1.8m(1m高设扶手栏杆),接头要错开,用一字扣连接,大横杆与立杆用十字扣连接
小横杆	2~2.3	间距不大于1.5m,单排时一端伸入墙内240mm,一头搁于大横杆上,并至少伸出大横杆100mm;双排时里端离墙100mm,小横杆与大横杆用十字扣连接,三步以上时,小横杆加长,与墙拉结
剪刀撑	4.5~6	设置在脚手架的端头、转角和沿墙纵向每隔6m处,从底到顶连接布置,与地面呈45°~60°夹角,与立杆(或小横杆探头)用回转扣件连接

五、工具式里脚手架

在砌筑平房外墙,房屋内墙和高层框架结构外墙时,除用钢管、木、竹料搭设里脚手架在室内楼板上进行操作外,还可在室内楼板上搭设工具式里脚手架。其中有支柱式、折叠式、高凳式和平台架等形式,如图4—30所示。

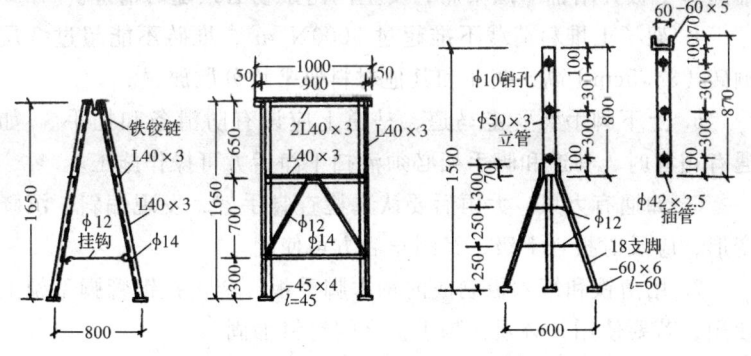

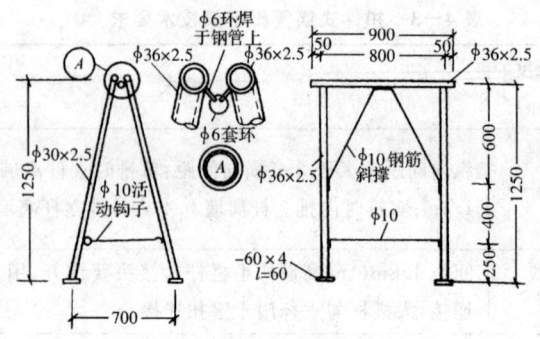

图 4—30 工具式里脚手架（mm）

六、砌砖操作平台

它是由几榀（pǐn）支架组成承重框架，在框架上铺满脚手板，多在井字架和龙门架旁作为运砖、灰的中转地。

七、脚手架使用的注意事项

1. 脚手架的搭设必须由专业的架子工负责，使用前应检查验收，不经专业人员同意，不准随意搭设或自行拆卸。

2. 脚手架上的安全网不得随意拆除，如影响操作，必须由架子工亲自拆移调理。

3. 设置安全网要从第二层开始，高层建筑要每隔三层设一道安全网。城市临街建筑外部须全封闭，出入建筑物的通道上部要铺满脚手板并增铺一层苇席，安全网内杂物必须随时清理。

4. 架子上堆料荷载不准超过 $3000N/m^2$，堆砖不能超过 3 层侧砖（34.5cm）高，灰斗和其他材料要平均分散放置。

5. 上下脚手架要走马道，马道上应设有防滑条和扶手。如遇有霜雪时，马道和脚手架必须清扫干净后方可操作施工。

6. 如遇有大风、大雨后要认真检查脚手架，发现偏斜、沉降变形，应及时报告上级，经纠正后方可使用。

7. 用角铁和短木板制成的钢木脚手板，禁止在钢管脚手架上使用，若要使用，必须在脚手板之间钉钉加固。

练习题

1. 检查墙面的平整度和垂直度用什么工具？怎样检查？
2. 龙门板的作用是什么？如何使用龙门板？
3. 建筑物各部位标高怎样控制？
4. 皮数杆的作用是什么？为什么各墙角、楼梯间必须放皮数杆？
5. 使用砂浆搅拌机有哪些具体要求？搅拌砂浆用的砂子不过筛行不行？为什么？
6. 在大风、雷雨前后使用脚手架、井字架和龙门架，为什么要检查？
7. 使用卷扬机都有哪些注意事项？
8. 人货两用电梯有几种？安全措施是什么？
9. 如何选用塔吊？
10. 脚手架的种类有哪些？注意事项是什么？